UV/EB시리즈 4

광경화형(UV, EB, LED) 고분자재료의 배합 제조기술

광경화형(UV, EB, LED) 고분자재료의 배합 제조기술

임진규 지음

서문

광경화형 고분자는 열경화형 고분자에 비해 저온에서 경화가 가능하고 고속경화가 이루어지기 때문에 기존의 열경화형 고분자를 빠르게 대체해 나가고 있는 상황이다. 아울러 디지털산업 및 첨단산업이 가속화되면서 광경화 고분자의 적용은 많이 확대되고 있다.

본서는 광경화 고분자 시리즈로 출간되는 4번째 시리즈 서적이다. 이번 4권에서는 광경화 고분자 재료의 배합에 관한 기술을 다루었다. 광경화 고분자를 실제로 적용할 때 어떻게 배합을 하는지 구성 성분 및 조성에 관한 내용을 기술하였다.

본서는 기업연구소, 대학교, 대학원 등에서 광경화 고분자 재료를 연구하고 공부하는 교재로 활용될 수 있다. 본서를 출간할 수 있도록 허락해 주신 한국학술정보와 많은 노고를 해주신 편집부에 감사를 드린다. 아울러 본서를 펴내는 데 많은 도움을 주고 함께 한 김태희 군에게도 깊은 감사를 전한다.

2019년 4월 1일

저 자 임 진 규

목 차

플라스틱 코팅
(Coating for plastic)

제1장

1-1 PVC

■ PVC 바닥재용 고광택 바니쉬 UV 코팅
(UV high gloss varnish for PVC continuous flooring)

성분	함량(%)
Aliphatic urethance diacrylate	70.0
NVP	10.0
Aromatic monofunctional acrylate	9.0
Tertiary amine monoacrylate	4.0
Benzophenone	5.0
Benzyl dimethyl ketal	1.0
Flow additive	1.0
합계	**100**

물리적 성질

점도	40-50 Poise at 20℃
경화속도	30 m/min using 3 MPHG lamps
광택	82±3% ASTM 60°

■ PVC 바닥재용 고광택 UV 코팅 래커
(UV satin lacquer for PVC continuous flooring)

성분	함량(%)
Aliphatic urethance diacrylate	61.5
NVP	16.0
Aromatic monofunctional acrylate	10.0
Tertiary amine monoacrylate	3.0
Benzyl dimethyl ketal	1.0
Benzophenone	2.0
Flow additive	0.5
Matting agents	6.0
합계	**100**

물리적 성질

점도	20–30 Poise at 20℃
경화속도	20 m/min with 2 MPHG lamps
광택	55 ±3% ASTM 60°
내마모성	양호

■ PVC 타일용 고광택 UV 코팅
(UV SATIN WEARCOAT FOR PVC TILES)

성분	함량(%)
Aliphatic urethance diacrylate (70% in TPGDA)	29.0
HDDA	59.0
Benzophenone	2.5
Benzyl dimethyl ketal	2.5
Zinc stearate	0.5
Flow additive	0.5
Matting agents	6.0
합계	**100**

물리적 성질	
점도	80-110 secs. BS 4 cup at 25℃
경화속도	20 m/min with 2 MPHG lamps
광택	60 ±3% ASTM 60°
접착력	양호
내스크래치성	양호

■ PVC용 오버프린트 바니쉬 UV 코팅-1 (OVERPRINT VARNISH FOR PVC)

성분	함량(%)
Aliphatic urethane acrylate	35.0
Polyester acrylate	38.0
TPGDA	15.0
Benzophenone	4.0
Dimethyoxy–2–phenylacetophenone	2.0
N,N–Dimethylethanolamine	5.0
Silicone	1.0
합계	**100**

■ PVC용 오버프린트 바니쉬 UV 코팅-2 (OVERPRINT VARNISH FOR PVC)

성분	함량(%)
Aliphatic urethane acrylate	45.0
Polyester acrylate	21.0
N vinyl caprolactam	5.0
TPGDA	15.0
Benzophenone	5.0
Benzil dimethyl ketal	3.0
Amine synergist	5.0
Silicone	1.0
합계	**100**

■ **PVC 바닥재용 UV 코팅**
(PVC floor UV coating)

성분	함량(%)
LK-2004 (Urethane diacrylate)	65
NVP	10
EHA/ODA	20
BZO	3
Benzyl dimethyl ketal	1
PA11	1
합계	**100**

■ **PVC용 UV 코팅**
(UV curable coating for PVC)

성분	함량(%)
Aliphatic polyester	37.9
DPPA	15
HDDA	9
NPGPO2DA	9
THFA	10
Acrylated amine coinitiator	12
BP	4
1-Hydroxy-cyclohexyl-phenyl-ketone	3
Fluorad FC430	0.1
합계	**100**

■ PVC용 UV 코팅제
(UV curable coating for PVC)

성분	함량(%)
Aliphatic polyester	35
HDDA	38.8
THFA	15
Acrylated amine coinitiator	4
BP	4
1-Hydroxy-cyclohexyl-phenyl-ketone	3
DC-57	0.1
합계	**100**

■ 가소화 PVC용 UV 코팅
(UV coating for plasticised PVC)

성분	함량(%)
Urethane diacrylate	53
HDDA	12
TMPEOTA	13
n-vinylcaprolactam	10
Acrylated amine synergist	9
1-Hydroxy-cyclohexyl-phenyl-ketone + Benzophenone	3
합계	**100**

■ 가소화 저점도 PVC용 UV 코팅
(UV coating for Plasticised PVC/low viscosity)

성분	함량(%)
Modified BPAEA	13.7
Polyester diacrylate	4.6
TPGDA	30.8
Acrylated amine synergist	6.9
1-Hydroxy-cyclohexyl-phenyl-ketone + Benzophenone	4.0
합계	**60**

1-2 POLYCARBONATE(PC)

■ 폴리카보네이트용 UV 코팅-1
(UV coating for polycarbonate)

성분	함량(%)
Hexaacrylate	2.50
Dipentaerythritol hexaacrylate	28.11
n-cyclohexylmaleimide	6.25
Ethylcellosolve	62.41
Benzil dimethyl ketal	0.62
Leveling agent	0.10
합계	**100**

■ 폴리카보네이트용 UV 코팅-2
(UV coating for polycarbonate)

성분	함량(%)
Acrylate terminated aliphatic urethane-polyester oligomer	56
HDDA	24
Octanediol diacrylate	18
Diethoxy acetophenone	2
합계	**100**

■ 폴리카보네이트용 UV 코팅-3
(UV coating for poly carbonate)

성분	함량(%)
Siloxane resin	72.1
PETA	13.3
HDDA	6.6
Benzyl dimethyl ketal	8.0
합계	**100**

■ 폴리카보네이트용 UV 코팅-4
(UV clear coatings for polycarbonate)

성분	함량(%)
Aliphatic urethane diacrylate / TPGDA	50
Phenoxy acrylate	10
NPGPODA	10
TMPEOTA	22
Benzyl dimethyl ketal	4
Eutectic blend, BP liquid	2
Amine acrylate–TPGDA	2
합계	**100**

■ 사출 폴리카보네이트용 UV 코팅
(UV COATING FOR MOULDED POLYCARBONATE)

성분	함량(%)
HDDA	56
Bis(trimethylolethane)succinate tetraacrylate latex	37
Tinuvin PS	5
2,4,6-trimethylbenzoyldiphenylphosphine oxide	2
합계	**100**

■ 폴리카보네이트용 눈부심 방지 UV 코팅
(UV curable antiglare coating for polycarbonate)

성분	함량(%)
Urethane acrylate	47.9
Solvent	47.9
Benzyl dimethyl ketal	3.0
Flow additive	0.2
Matting agents	1.0
합계	**100**

물리적 성질	
점도	10-20 secs B4 cup at 20℃
경화속도	20 m/min with 2MPHG lamps at 60℃
광택	55±5% ASTM 60°
접착력	양호
내화학성	보통

■ 저점도/내스크래치성 UV 코팅-1
(Low viscosity/scratch resistance UV coating)

성분	함량(%)
Tris(2-hydroxyethyl)isocyanurate triacrylate	35
HDDA	28
PETA	30
2-Hydroxy-2-methyl-1-phenyl-1-propanone	3
1-Hydroxy-cyclohexyl-phenyl-ketone	2
BYK306	2
합계	**100**

■ 저점도/내스크래치성 UV 코팅-2
(Low viscosity/scratch resistance UV coating)

성분	함량(%)
Tris(2-hydroxyethyl)isocyanurate triacrylate	30
Aliphatic polyester urethane diacrylate	15
HDDA	28
PETA	20
2-Hydroxy-2-methyl-1-phenyl-1-propanone	4
1-Hydroxy-cyclohexyl-phenyl-ketone	1
BYK306	2
합계	**100**

■ 저점도/내스크래치성 UV 코팅-3
(Low viscosity/scratch resistance UV coating)

성분	함량(%)
Tris(2-hydroxyethyl)isocyanurate triacrylate	28.7
Aliphatic polyester urethane diacrylate	14.3
HDDA	21.6
PETA	19.1
THFA	9.6
2-Hydroxy-2-methyl-1-phenyl-1-propanone	3.8
1-Hydroxy-cyclohexyl-phenyl-ketone	1.0
BYK306	1.9
합계	**100**

■ 침지용 UV 코팅
(Dip coating)

성분	함량(%)
Modified BPAEA	48.2
2-HEMA	19.8
Isobonyl acrylate	18.2
2-Hydroxy-2-methyl-1-phenyl-1-propanone	4.5
Efka 31	0.3
MIBK	9.0
합계	**100**

1-3 POLYETHYLENE(PE)

■ 폴리에틸렌 치약튜브용 UV 래커
(Protective lacquer for polyethylene toothpaste tubes)

성분	함량(%)
Phosphatesd adhesion promoter	9.0
Urethane acrylate (70% in TPGDA)	38.6
TPGDA	26.0
GPTA	8.2
Benzophenone	6.0
Benzyl dimethyl ketal	3.0
Flow additive	0.2
Matting agents	9.0
합계	**100**

물리적 성질	
점도	50–60 secs. Ford B4 cup at 20℃
경화속도	30 m/min with 2MPHG lamps
광택	55±5% ASTM 60°
접착력	양호
내스크래치성	양호

■ 저밀도 폴리에틸렌용 유색 UV 코팅-1
(UV clear and pigmented coatings for LDPE)

성분	함량(%)
LK-1001 (Epoxy diacrylate)	20
BPAEO4DA	10
TNPPO3TA	16
NPGPODA	20
Titanium dioxide	30
Thioxantone	3
EPD	1
합계	**100**

■ 저밀도 폴리에틸렌용 유색 UV 코팅-2
(UV clear and pigmented coatings for LDPE)

성분	함량(%)
LK-1001 (Epoxy diacrylate)	40
Acrylate urethane oligomer	10
BPAEO4DA	10
Phenoxy acrylate	10
TNPPO3TA	12
NPGPODA	10
BP	3
Amine acryalte-HDDA	3
2-Hydroxy-2-methyl-1-phenyl-1-propanone	2
합계	**100**

■ 저밀도 폴리에틸렌용 유색 UV 코팅-3 (UV clear and pigmented coatings for LDPE)

성분	함량(%)
LK-1001 (Epoxy diacrylate)	20
BPAEO4DA	10
TNPPO3TA	16
NPGPODA	20
Titanium dioxide	30
Thioxantone	3
EPD	1
합계	**100**

■ 고밀도 폴리에틸렌용 유색 UV 코팅-1 (UV clear and pigmented coatings for HDPE)

성분	함량(%)
LK-1001 (Epoxy diacrylate)	40
Acrylated epoxy linseed oil	19
NPGPODA	14
Methoxy TMPDA	8
Eutectic blend, BP liquid	2
Methyldiethanolamine	2
2-Benzyl-2-(dimethylamino)-1-[4-(4-morpholinyl) phenyl]-1-butanone	2
2-Methyl-1-[4-(methylthio)phenyl]-2-(4-morpholinyl)-1-propanone	1
UV-1 stabilizer	1
Reflex blue pigment	12
합계	**100**

■ 고밀도 폴리에틸렌용 유색 UV 코팅-2 (UV clear and pigmented coatings for HDPE)

성분	함량(%)
LK-1001 (Epoxy diacrylate)	50.0
BPAEO4DA	8.0
TMPPO3TA	10.0
NPGPODA	14.5
MEthoxy TMPDA	10.0
Eutectic blend, BP liquid	3.0
Methyldiethanolamine	1.5
2-Hydroxy-2-methyl-1-phenyl-1-propanone	3.0
합계	**100**

■ 고밀도 폴리에틸렌용 유색 UV 코팅-3
(UV clear and pigmented coatings for HDPE)

성분	함량(%)
LK-1001 (Epoxy diacrylate)	25
Aliphatic UDA	25
BPAEO4DA	8
TMPPO3TA	10
NPGPODA	14.5
Methoxy TMPDA	10
Eutectic blend, BP liquid	3
Methyldiethanolamine	1.5
2-Hydroxy-2-methyl-1-phenyl-1-propanone	3
합계	**100**

■ 저자극 폴리에틸렌 필름용 UV 코팅

Polyethylene film (low irritancy)

성분	함량(%)
Polyester diacrylate	45
Silicone acrylate	33
PPTTA	19
1-Hydroxy-cyclohexyl-phenyl-ketone	3
합계	**100**

1-4 POLYPROPYLENE(PP)

■ 폴리프로필렌 필름용 UV 코팅-1
(polypropylene film)

성분	함량(%)
Polyester tetra acrylate	45
Aliphatic UDA	10
TMPTA	12
PHE-1	7
PEG200DA	10
MethoxyTPG-A	7.5
Eutectic blend, BP liquid	3
Amine synergist	3
Benzyl dimethyl ketal	2
Polysiloxane slip aid	0.5
합계	**100**

■ 폴리프로필렌 필름용 UV 코팅-2
(polypropylene film)

성분	함량(%)
Polyester tetra acrylate	10
Aliphatic UDA	50
HDDA	19
V-caprolactam	13
Eutectic blend, BP liquid	3
Amine synergist	3
Benzyl dimethyl ketal	2
Polysiloxane slip aid	1
합계	**100**

■ 폴리프로필렌 필름용 UV 코팅-3
(polypropylene film)

성분	함량(%)
Polyester tetra acrylate	20
TMPTA	12.5
HDDA	19
PHE-1	5
PEG200DA	10
MethoxyTPG-A	5
Eutectic blend, BP liquid	3
Amine synergist	3
Benzyl dimethyl ketal	2
Polysiloxane slip aid	0.5
합계	**100**

1-5 POLYSTYRENE(PS)

■ 폴리스티렌용 상도 UV 코팅
(UV curable topcoat for polystylene)

성분	함량(%)
Low viscosity epoxy acrylate	45
TMPTA	30
TRPGDA	25
IBOA	20
1-Hydroxy-cyclohexyl-phenyl-ketone	3 PPH
합계	**120**

■ 단일&이중 UV 코팅 - 단일 코팅
(Single & Dual UV clear coating systems for polystyrene flim- single coating)

성분	함량(%)
LK-1001 (Epoxy diacrylate)	20
BPAEO4DA	30
Phenoxy acrylate	23
PEG200DA	13
NPGPODA	10
2-Hydroxy-2-methyl-1-phenyl-1-propanone	4
합계	**100**

■ 단일&이중 UV 코팅 - 중도 코팅
(Single & Dual UV clear coating systems for polystyrene flim – mer coating)

성분	함량(%)
BPAEO4DA	56
Phenoxy acrylate	30
PEG200DA	10
2-Hydroxy-2-methyl-1-phenyl-1-propanone	4
합계	**100**

■ 단일&이중 UV 코팅 - 상도 코팅
(Single & Dual UV clear coating systems for polystyrene flim– topcoat)

성분	함량(%)
LK-1001 (Epoxy diacrylate)	50
Phenoxy acrylate	21
PEG200DA	10
NPGPODA	15
2-Hydroxy-2-methyl-1-phenyl-1-propanone	4
합계	**100**

1-6 VINYL

■ 바이닐 필름용 UV 코팅
(UV clear coatings for vinyl films)

성분	함량(%)
Aliphatic UDA	50.7
HDDA	15
Phenoxy acrylate	10
NPGPODA	15
Benzyl dimethyl ketal	4
Eutectic blend, BP liquid	3
Amine acrylate-TPGDA	2
Polysiloxane slip aid	0.3
합계	**100**

■ 바이닐용 UV 롤러 코팅-1
(UV roller coatings for vinyl)

성분	함량(%)
Aliphatic UDA	70.7
NPGPODA	15
HDDA	10.7
Benzyl dimethyl ketal	3
Thioxantone	0.1
DC-57	0.5
합계	**100**

■ 바이닐용 UV 롤러 코팅-2
(UV roller coatings for vinyl)

성분	함량(%)
Aliphatic UDA	51
NPGPODA	25
HDDA	13
TPGDA	8
Benzyl dimethyl ketal	3
DC-57	1
합계	**100**

■ 바이닐용 UV 롤러 코팅-3
(UV roller coatings for vinyl)

성분	함량(%)
Aliphatic urethane diacrylate	30
Carboxyl func-aromatic acrylate	10
PHE-1	22.9
TPGDA	22.5
TMPEOTA	10
Benzyl dimethyl ketal	4
Thioxantone	0.1
DC-57	0.5
합계	**100**

■ 바이닐용 UV 플렉소그래피 바니쉬
(UV flexographic clear varnishes for vinyl)

성분	함량(%)
Aliphatic UDA	40
TPGDA	27
TNOEOTA	15
Vinyl caprolactam	10
EOEOEA	5
1-Hydroxy-cyclohexyl-phenyl-ketone	3
합계	**100**

■ 바이닐용 UV 오버프린트 바니쉬-1
(UV overprint varnishes for vinyl)

성분	함량(%)
Aliphatic UDA	36
BPAEODA	5
Phenoxy acrylate	5
TGADA	10
TMPPOTA	5
GPTA	30
Eutectic blend, BP liquid	4
Amine acrylate-TPGDA	3
Benzyl dimethyl ketal	2
합계	**100**

■ 바이닐용 UV 오버프린트 바니쉬-2
(UV overprint varnishes for vinyl)

성분	함량(%)
Aliphatic UDA	47
Phenoxy acrylate	9
TGADA	15
GPTA	20
NPGPODA	5
Benzyl dimethyl ketal	3
Thioxantone	1
DC-57	1
합계	**100**

■ 바이닐용 UV 오버프린트 바니쉬-3
(UV overprint varnishes for vinyl)

성분	함량(%)
Aliphatic UTA	66
BPAEODA	5
Phenoxy acrylate	20
TMPPOTA	5
Benzyl dimethyl ketal	3
Thioxantone	0.5
DC-57	0.5
합계	**100**

■ 바이닐용 UV 오버프린트 바니쉬-4
(UV overprint varnishes for vinyl)

성분	함량(%)
Aliphatic UDA	54
TGADA	27
GPTA	10
NPGPODA	5
Amine acrylate–TPGDA	3
Benzyl dimethyl ketal	0.5
Thioxantone	0.5
합계	**100**

■ 바이닐 아스베스토 타일용 UV 경화 코팅 (UV curable coating for vinyl asbestos tile)

성분	함량(%)
LK-2003 (Urethane diacrylate)	70
GPTA	15
N-VP	15
1-Hydroxy-cyclohexyl-phenyl-ketone	2
Tinuvin 292	1
Irganox 1035	0.3
합계	**103.3**

1-7 ABS

■ ABS용 UV 코팅
(UV coating for ABS)

성분	함량(%)
Modified BPAEA	21.9
TMPEOTA	62.6
Acrylated amine synergist	9
1-Hydroxy-cyclohexyl-phenyl-ketone + Benzophenone	6
Polysiloxane copolymer	0.5
합계	**100**

1-8 PMMA(ACRYL)

■ PMMA용 UV 코팅
(UV Coating for PMMA)

성분	함량(%)
2-Hydroxyethylacryloyl Phosphate	1.9
TMPTA	96.6
Benzyl dimethyl ketal	1.5
합계	**100**

■ PMMA 필름용 UV 코팅
(UV clear coatings for PMMA film)

성분	함량(%)
Aliphatic UTA	26
BPAEODA	20
TGADA	10
MethoxyTPG-A	40
Amine acrylate-HDDA	4
합계	**100**

■ PMMA/PC용 내후성, 고점도 UV 코팅
(UV coating for PMMA/Polycarbonate-weathering, high viscosity)

성분	함량(%)
Silicone acrylate	77.7
PPTTA	19.3
1-Hydroxy-cyclohexyl-phenyl-ketone	3.0
합계	**100**

1-9 POLYESTER

■ 폴리에스터용 상도 UV 커튼 코팅
(UV Curable Curtain Coating for Polyester Topcoat)

성분	함량(%)
Unsaturated polyester (65% in styrene)	80
2% Paraffin wax [(M.P 52℃) solution in styrene]	4
Styrene	11
Benzyl dimethyl ketal	5
합계	**100**

물리적 성질

점도	DIN Cup (at 25℃) - 35-45 secs
필름 무게	200-300 g/m^2

■ 폴리에스터 필름용 UV 코팅-1
(UV clear coating for primed polyester film)

성분	함량(%)
Epoxy diacrylate	35
Aromatic urethane diacrylate	10
TMPTA	40
N–VP	15
Benzyl dimethyl ketal	3
Flow additive	1
Camauba wax	2
합계	**100**

■ 폴리에스터 필름용 UV 코팅-2
(UV clear coating for primed polyester film)

성분	함량(%)
Aliphatic urethane diacrylate	50
Acrylated oligomeric amine	10
TMPTA	18
TRPGDA	8
N–VP	14
1–Hydroxy–cyclohexyl–phenyl–ketone	5
합계	**100**

■ 폴리에스터 필름용 투명 UV 코팅-1
(UV coatings for polyester film –clear(1))

성분	함량(%)
LK–1003 (Epoxy diacrylate)	10
BPAEO4DA	26
TGADA	15
TMPEOTA	10
MethoxyTPG–A	35
2–Hydroxy–2–methyl–1–phenyl–1–propanone	4
합계	**100**

■ 폴리에스터 필름용 투명 UV 코팅-2
(UV coatings for polyester film–clear(2))

성분	함량(%)
Aliphatic UTA	10
BPAEO4DA	26
TGADA	15
TMPEOTA	10
MethoxyTPG–A	35
2–Hydroxy–2–methyl–1–phenyl–1–propanone	4
합계	**100**

■ 폴리에스터 필름용 무광 UV 코팅
(UV coatings for polyester film– matt)

성분	함량(%)
LK–1003 (Epoxy diacrylate)	15
BPAEO4DA	21
TGADA	30
TMPEOTA	10
Eutectic blend, BP liquid	6
Methyldiethanolamine	3
2–Hydroxy–2–methyl–1–phenyl–1–propanone	3
OK–412	7
Zinc sulfide	5
합계	**100**

■ 알루미늄 도금 폴리에스터 필름용 UV 코팅
(UV coating for aluminized polyester film)

성분	함량(%)
3–functional novolac EA	58.6
TMPTA	19.4
2–HEMA	20.0
2–Hydroxy–2–methyl–1–phenyl–1–propanone	2.0
합계	**100**

■ 폴리에스터 필름용 UV 코팅-1
(UV clear coatings for Polyester film)

성분	함량(%)
Aliphatic UDA	64
BPAEODA	5
Phenoxy acrylate	15
TGADA	5
TMPPOTA	5
Eutectic blend, BP liquid	2
Amine acrylate-HDDA	2
DEAP	2
합계	**100**

■ 폴리에스터 필름용 UV 코팅-2
(UV clear coatings for Polyester film)

성분	함량(%)
High molecular UA	59
Phenoxy acrylate	15
TGADA	15
TMPPOTA	5
Eutectic blend, BP liquid	2
Amine acrylate-HDDA	2
2-Hydroxy-2-methyl-1-phenyl-1-propanone	2
합계	**100**

1–10 기타

■ 칩보드/하드보드용 UV 리버스 롤러 코팅
(UV Reverse Roller Coating For Chipboard/Hardboard)

성분	함량(%)
Polyester acrylate	40.0
Monomer	30.0
Benzophenone	5.0
1–Hydroxyalkylphenone	1.0
Tertiary amine	10.0
Silica matting agent	5.0
Flow additive	0.5
합계	**100**

물리적 성질

점도	30–40 Poise at 20℃
경화속도	20m/min with 2 MPHG lamps
광택	45±3% ASTM 60°

■ 아크릴 시트용 UV 코팅
(UV clear coatings for acrylic sheet)

성분	함량(%)
Aliphatic UDA	46
HDDA	15
Phenoxy acrylate	15
Hydroxyethyl methacrylate	5
Carboxyl func–aromatic acrylate	15
Benzyl dimethyl ketal	4
합계	**100**

■ Kapton100H film용 UV 코팅
(UV clear coatings for Kapton100H film)

성분	함량(%)
Aliphatic UTA	10
BPAEODA	5
Phenoxy acrylate	54
TMPPOTA	5
MethoxyTPG–A	20
Amine acrylate–HDDA	6
합계	**100**

■ 경질 플라스틱용 UV 코팅
(UV coating for rigid plastics)

성분	함량(%)
Epoxy diacrylate	40
TMPTA	45
EOEOEA	15
Benzyl dimethyl ketal	3
합계	**103**

■ 플라스틱용 UV 코팅-1
(UV coating for plastics)

성분	함량(%)
Aromatic urethane diacrylate	10
PETA-K	40
TMPTA	35
Vinyl acetate	10
1-Hydroxy-cyclohexyl-phenyl-ketone	5
Silicone wetting agent	0.5
합계	**100.5**

■ 플라스틱용 UV 코팅-2
(UV coating for plastics)

성분	함량(%)
Aromatic urethane diacrylate	10
PETA-K	60
OTA480	15
N-VP	10
1-Hydroxy-cyclohexyl-phenyl-ketone	5
Silicone wetting agent	0.5
합계	**100.5**

■ 플라스틱 렌즈용 UV 코팅-1
(UV coating for Plastic lenses)

성분	함량(%)
DPHA	8.52
TMPTA	8.52
DEGDA	5.68
THFFA	1.42
ã-Methacryloyloxypropyl trimethoxysilane	25.57
Toluene	28.41
Ethyl acetate	21.30
Benzoin methylether	0.57
Y7002 Silicone surfactant	0.01
합계	**100**

■ 플라스틱 렌즈용 UV 코팅-2
(UV coating for Plastic lenses)

성분	함량(%)
$CH_2 = CMeCO_2C_2H_4O_2CNHZNHCO_2C_2H_5)_2Z'$ [Z = methylphenylen: Z' = 1,2-polybutadiene with d.p.21]	49
Isobornyl methacrylate	49
1-(4-isopropylphenyl)-2-hydroxy-2-methylpropan-1-one	2
합계	**100**

■ 바닥재용 UV 코팅
(UV coating for parquet flooring)

성분	함량(%)
Urethane acrylate (30% in TPGDA)	39.0
NVP	10.0
Aliphatic diacrylate diluent	40.0
Benzophenone	5.0
Tertiary amine	4.0
á-hydroxyalkylphenone	1.5
Flow additive	0.5
합계	**100**

물리적 성질	
점도	3-5 Poise at 20℃É
경화속도	10 m/min using 2 MPHG lamps
접착력	양호
내스크래치성	양호
광택	80% ASTM 60

목재용 실러 및 코팅
(Sealers and coatings for wood)

제2장

■ 칩보드 용 UV 리버스 롤러 코팅
(Reverse roller coat for chipboard)

성분	함량(%)
Styrene/unsaturated polyester	36
Micronised talc	35
Barytes	20
Whiting	7
Benzyl dimethyl ketal	2
합계	**100**

■ 베니어 칩보드 용 스티렌/폴리에스터 실러 UV 코팅
(Styrene/Polyester sealer for veneered chipboard)

성분	함량(%)
Air drying unsaturated polyester	71.5
Styrene	18.0
Zinc stearate	4.5
Aerosil	1.5
Benzyl dimethyl ketal	4.5
합계	**100**

■ EB 필러 하드보드/칩보드용 UV 리버스 롤러 코팅
(EB filler for hardboard /chipboard applied by reverse roller coating application)

성분	함량(%)
Epoxy acrylate (80% in TPGDA)	45.0
Tetrafunctional polyester acrylate	13.5
Diacrylate diluent	31.0
Silica matting agent	10.0
Flow additive	0.5
합계	**100**

물리적 성질	
점도	30–40 Poise at 20℃
광택	45% ± 3% ASTM 60°

■ 실러용 UV 코팅-1
(UV coating for sealer)

성분	함량(%)
Polyester tetraacrylate	35
PEG400DA	55.5
Benzyl dimethyl ketal	1.5
BP	5
Triethanol amine	3
합계	**100**

■ 실러용 UV 코팅-2
(UV coating for sealer)

성분	함량(%)
LK-1001	34
Polyester diacrylate	15
TPGDA	40
Acrylated amine synergist	4
BP	5
2-Hydroxy-2-methyl-1-phenyl-1-propanone	1.5
Zinc stearate	0.5
합계	**100**

■ 필러용 UV 코팅
(UV coating for filler)

성분	함량(%)
Polyester tetraacrylate	30
PEG400DA	35.5
Benzyl dimethyl ketal	1.5
BP	5
Triethanol amine	3
Talc	25
합계	**100**

■ 속경화용 UV 코팅-1
(UV coating for high speed)

성분	함량(%)
Epoxy diacrylate	25
TMPTA	17.5
TRPGDA	2.5
EOEOEA	5
CaCO3	50
1–Hydroxy–cyclohexyl–phenyl–ketone	2 PPM
합계	**100**

■ 속경화용 UV 코팅-2
(UV coating for high speed)

성분	함량(%)
Epoxy diacrylate	30
TMPTA	20
1-Hydroxy-cyclohexyl-phenyl-ketone	2
Carcium carbonate	50
합계	**102**

■ 경제성 UV 코팅
(UV coating for low cost)

성분	함량(%)
Epoxy diacrylate	20
TMPTA	7
Styrene	25
BP	3
Methyldiethanolamine	2 PPM
Carcium carbonate	43
합계	**98**

■ 목재용 UV 코팅-1
(UV coating for wood)

성분	함량(%)
Unsaturated polyester (70% in styrene)	90.0
China clay	5.0
Aerosil	0.5
Antifoam	1.0
Styrene	2.0
Benzyl dimethyl ketal	1.5
합계	**100**

■ 목재용 UV 코팅-2
(UV coating for wood)

성분	함량(%)
Polyester acrylate (100%)	60.0
Epoxy acrylate (80% in TPGDA)	10.0
China clay	11.0
Aerosil	1.0
Antifoam	1.0
Polyglycol acrylate	7.1
Benzyl dimethyl ketal	0.9
Polyglycol acrylate	3.0
Acetophenoe derivative	6.0
합계	**100**

■ 목재용 UV 코팅-3
(UV coating for wood)

성분	함량(%)
Polyester acrylate (100%)	44.0
Epoxy acrylate (80% in TPGDA)	10.0
China clay	5.0
Fumed silica	0.5
Antifoam	1.0
TMPTA	15.0
Benzyl dimethyl ketal	0.9
Polyglycol acrylate	22.1
Acetophenoe derivative	1.5
합계	100

■ 밝은 색 베니어 용 UV 리버스 롤러 코팅
(Reverse roller coating for UV curable coating for Light color veneers)

성분	함량(%)
Polyester acrylate (100%)	45.0
China clay	38.0
Fumed silica	0.2
Antifoam	1.0
Polyglycol acrylate	6.0
Benzyl dimethyl ketal	0.8
Benzophenone	3.0
Acrylated amine	6.0
합계	100

■ 목재용 유색 UV 코팅
(Pigmented UV coating for wood)

성분	함량(%)
Epoxy acrylate	28.22
TMPTA	7.53
NVP	1.88
Titanium dioxide	14.11
Talc	14.11
Barytes	28.22
Thioxantone	1.00
2-Dimethylaminoethylbenzoate	4.80
Texafor FP43	0.13
합계	**100**

■ 하드보드 실러용 UV 코팅
(UV coating for hard board sealer)

성분	함량(%)
Epoxy acrylate	7
TPGDA	63
Talc	11
Titanium dioxide	12
Thioxantone	1
2-Dimethylaminoethylbenzoate	5
Benzyl dimethyl ketal	1
합계	**100**

■ 목재 실러용 백색 UV 코팅
(UV coating white for wood sealer)

성분	함량(%)
Epoxy acrylate	25.0
TPGDA	13.5
Titanium dioxide	15.4
Acrylphosphine oxide	1.8
Extender	43.5
Soyabeanlecithine	0.8
합계	**100**

■ 파티클 보드 실러용 UV 코팅-1
(UV curable sealer coatings for particle board)

성분	함량(%)
Polyester tetraacrylate	35.0
PEG400DA	55.5
Benzyl dimethyl ketal	1.5
BP	5.0
Triethanol amine	3.0
합계	**100**

■ 파티클 보드 실러용 UV 코팅-2
(UV curable sealer coatings for particle board)

성분	함량(%)
Polyester tetraacrylate	30.0
PEG400DA	35.5
Benzyl dimethyl ketal	1.5
BP	5.0
Triethanol amine	3.0
Talc	25.0
합계	**100**

■ 목재 필러용 속경화 UV 코팅
(UV curable high speed wood filler)

성분	함량(%)
Epoxy diacrylate	25.0
TMPTA	17.5
TRPGDA	2.5
EOEOEA	5.0
CaCO3	50.0
1-Hydroxy-cyclohexyl-phenyl-ketone	2PPM
합계	**100**

■ 파티클 보드 필러용 UV 코팅-1
(UV curable Filler for particle board)

성분	함량(%)
Epoxy diacrylate	30
TMPTA	20
1-Hydroxy-cyclohexyl-phenyl-ketone	2
Carcium carbonate	50
합계	**100**

■ 파티클 보드 필러용 UV 코팅-2
(UV curable Filler for particle board)

성분	함량(%)
Epoxy diacrylate	25.0
TMPTA	17.5
Styrene	2.5
BP	5.0
Methyldiethanolamine	50.0
Carcium carbonate	2PPH
합계	**100**

■ 리버스 롤러 코트 – 필러 UV 코팅
(Reverse roller coat – filler UV coatings)

성분	함량(%)
LK-1001	30
TMPEOTA	25
Benzyl dimethyl ketal	5
Calcium carbonate	40
합계	**100**

■ 리버스 롤러 코트 – 실러 UV 코팅
(Reverse roller coat – sealer UV coatings)

성분	함량(%)
LK-1001	20
TMPTA	50
Benzyl dimethyl ketal	5
Calcium carbonate	25
합계	**100**

■ 리버스 롤러 코트 – 유색 필러 UV 코팅
(Reverse roller coat – pigmented filler UV coatings)

성분	함량(%)
LK-1001	30
TMPEOTA	25
Carboxyl func-aromatic acrylate	5
Eutectic blend, BP liquid	3
Acrylated amine-TPGDA	2
Benzyl dimethyl ketal	5
Titanium dioxide	10
Calcium carbonate	20
합계	**100**

■ 리버스 롤러 코트 – 유색 실러 UV 코팅
(Reverse roll coater – pigmented sealer UV coatings)

성분	함량(%)
LK-1001	20
TMPTA	45
Carboxyl func-aromatic acrylate	5
Eutectic blend, BP liquid	3
Acrylated amine-TPGDA	2
Benzyl dimethyl ketal	5
Titanium dioxide	8
Calcium carbonate	12
합계	**100**

■ 사펠리, 루안용 고광택 UV 코팅
(UV High gloss coating for sapele and luan)

성분	함량(%)
Epoxy acrylate (80% in TPGDA)	33.5
Tetrafunctional polyester acrylate	15.0
TPGDA	40.0
Tertiary amine	4.0
Benzophenone	5.0
Benzyl dimethyl ketal	1.5
Zinc stearate	0.5
Flow additive	0.5
합계	**100**

물리적 성질	
점도	4-5 Poise at 20℃
경화속도	20 m/min using 2x80 W/cmMPHG lamps
광택	85% ± 3% ASTM 60°

■ 롤러 코팅된 사펠리, 루안 마감재용 UV 코팅
(UV satin finish for sapele and luan applied by forward roller coater)

성분	함량(%)
Epoxy acrylate (80% in TPGDA)	30.5
TPGDA	50.0
Tertiary amine	4.0
Benzophenone	5.0
Benzyl dimethyl ketal	1.5
Zinc stearate	0.5
Flow additive	0.5
Silica matting agent	8.0
합계	**100**

물리적 성질

점도	5-7 Poise at 20℃
경화속도	20 m/min using 2x80 W/cm MPHG lamps
광택	45% ± 3% ASTM 60°

■ 롤러 코팅된 사펠리/루안 마감재용 준 무광 UV 코팅
(Semi-matt finish for sapele/luan applied by forward roller coater)

성분	함량(%)
Epoxy acrylate (80% in TPGDA)	19.5
TPGDA	59.0
Tertiary amine	3.6
Benzophenone	4.5
Benzyl dimethyl ketal	1.4
Zinc stearate	0.5
Flow additive	0.5
Silica matting agent	11.0
합계	**100**

물리적 성질

점도	5-7 Poise at 20℃
경화속도	20 m/min using 2x80 W/cm MPHG lamps
광택	30% ASTM 60°

■ 저광택 커튼코팅 UV 래커
(UV low gloss curtain coating lacquer)

성분	함량(%)
Epoxy acrylate (80% in TPGDA)	34
TPGDA	48
Silica matting agent	11
Benzildimethylketal	2
Benzophenone	2
N-Methyldiethanolamine	3
합계	**100**

물리적 성질	
점도	80-100 secs B4 cup at 25℃
경화속도	8 m/min per 80 W/cm MPHG lamps

■ 워터본 스프레이 UV 코팅 (Waterborne UV sprayable coating)

성분	함량(%)
PUDA-2500	74.5
Water Reducible Monomer	17.5
NVP	4.8
2-Hydroxy-2-methyl-1-phenyl-1-propanone á-á-dimethyl-á-hydroxyacetophenone	1.5
Benzophenone	1.5
Flow additive	0.2
합계	**100**

물리적 성질

점도	10-20 secs B4 cup at 20℃
경화속도	10 m/min with 2 MPHG lamps
광택	40% ± 5% ASTM 60°

■ 래커/베이스코트용 무광 UV 롤러 코팅
(Matt clear roller coating lacquer/basecoat)

성분	함량(%)
Epoxy acrylate	22.5
Triacylate monomer	20.0
Monomer	30.0
UF/MF resin	10.0
Benzophenone	2.0
1-Hydroxyalkylphenone	5.0
Silica matting agent	10.0
Flow additive	0.5
합계	**100**

물리적 성질

점도	24-27 Secs B6 at 20℃
경화속도	20m/min with 2 MPHG lamps
광택	15±3% ASTM 60°

■ 고광택 상도용 UV 롤러 코팅
(Satin clear roller coating topcoat)

성분	함량(%)
Epoxy acrylate	16.0
Polyester acrylate	14.0
Triacylate monomer	5.0
Monomer	30.0
UF/MF resin	10.0
Benzophenone	2.0
1–Hydroxyalkylphenone	3.0
Amino acrylate synergist	7.0
Silica matting agent	7.5
Polymeric wax	1.0
n–Butyl acetate	4.0
Flow additive	0.5
합계	**100**

물리적 성질

점도	14–15 Secs B6 at 20℃
경화속도	20m/min with 2 MPHG lamps
광택	30±3% ASTM 60°

■ 백색 무광 진공 프라이머용 UV 코팅
(Matt white vacuum coating primer)

성분	Parts by weight
Epoxy acrylate	6.4
Triacrylate monomer	20.0
Monomer	40.0
Acyl phosphine oxide	3.0
Benzophenone	11.0
1-Hydroxyalkylphenone	2.0
Amino acrylatesynergist	5.0
Silica matting agent	2.0
Micronised dolomite	5.0
Talc	1.0
Titanium dioxide	4.0
Anti settling agent	0.1
Flow additive	0.5
합계	**100**

물리적 성질	
점도	25-30 Secs B4 at 20℃
경화속도	60 m/min with 4 MPHG lamps
광택	〈10% ASTM 60°

■ 고광택용 UV 커튼 코팅 래커
(Satin clear curtain coating lacquer)

성분	함량(%)
Polyester acrylate	25.0
Triacrylate monomer	25.0
Monomer	37.0
Benzophenone	1.0
1–Hydroxyalkylphenone	4.0
Silica matting agent	7.0
Cellulose acetate butyrate	0.5
Flow/defoamer additives	0.5
합계	**100**

물리적 성질

점도	100–105 Secs B4 at 20℃
경화속도	20m/min with 2 MPHG lamps
광택	30±3% ASTM 60℃

■ 고광택 스프레이용 UV 코팅 래커-1
(Satin clear spray lacquer)

성분	함량(%)
Polyester acrylate	13.0
Triacrylate monomer	15.0
Monomer	50.0
Benzophenone	5.0
Benzil dimethyl ketal	4.0
Amine acrylate	8.0
High efficiency silica matting agent	2.0
Oranic polymer matting agent	2.0
Silicone acrylate	0.5
Flow/defoamer additives	0.5
합계	**100**

물리적 성질	
점도	22-55 Secs B4 at 20℃
경화속도	20m/min with 2 MPHG lamps
광택	35±3% ASTM 60℃

■ 고광택 스프레이용 UV 코팅 래커-2
(Satin clear spray lacquer)

성분	함량(%)
Epoxy acrylate	18.0
Triacrylate monomer	24.0
Monomer	32.0
Benzophenone	3.0
Benzil dimethyl ketal	4.0
Amine acrylate	5.0
Silica matting agent	7.0
Flow/defoamer additives	0.5
Ethyl acetate	6.5
합계	**100**

Porperties	
점도	24–285 Secs B4 at 20℃
경화속도	25m/min with 2 MPHG lamps
광택	25±3% ASTM 60℃

■ 고광택 스프레이용 UV 코팅 래커-3
(Satin clear spray lacquer)

성분	함량(%)
Polyester acrylate	11.0
Monomer	57.0
Benzophenone	7.0
Benzil dimethyl ketal	1.0
1-Hydroxyalkylacetophenone	3.0
Acyl Phosphine Oxide	3.0
Organic Polymer Matting Agent	8.0
Titanium Dioxide	5.2
Talc	4.0
Anti Setting Agent	0.3
Flow/defoamer additives	0.5
합계	**100**

물리적 성질	
점도	38-42 Secs B4 at 20℃
경화속도	10m/min with 2 MPHG lamps
광택	25±3% ASTM 60℃

종이용 코팅
(Coatings for paper)

제3장

■ **종이 용 고광택, 글루어블 롤러 코팅 바니쉬용 UV 코팅**
(UV high gloss, glueable, and foil roller coat varnish for paper)

성분	함량(%)
Urethane acrylate (80% in TPGDA)	18.4
TPGDA	55.4
TMPEOTA	10.0
Benzophenone	5.0
Tertiary amine monoacrylate	10.0
Benzyl dimethyl ketal	1.0
Flow additive	0.2
합계	**100**

물리적 성질	
점도	45-50 secs B4 at 25℃
광택	87 ± 3% (ASTM 60°)
경화속도	60 m/min with 2 MPHG lamps

■ 종이, 보드 실크 스크린 바니쉬용 UV 코팅
(UV silk screen varnish for paper and board)

성분	함량(%)
Epoxy Acrylate	46.0
TPGDA	16.5
TMPEOTA	10.0
Benzophenone	5.0
Benzyl dimethyl ketal	1.0
Difunctional amine acrylate	21.0
Flow additive	0.5
합계	**100**

물리적 성질	
점도	8–10 Poise at 20℃
경화속도	50 m/min with 2 MPHG lamps
광택	〉 90%

■ 종이, 보드 드라이 오프셋 리소 바니쉬용 UV 코팅
(UV dry offset litho varnish for paper and board)

성분	함량(%)
Epoxy Acrylate (80% in TPGDA)	44.5
TPGDA	18.0
TMPEOTA	10.0
Benzophenone	5.0
Benzyl dimethyl ketal	1.0
Amine diacrylate	20.0
Talc	1.0
Flow additive	0.5
합계	**100**

물리적 성질

점도	9-15 Poise at 20℃
경화속도	55 m/min with 2 MPHG lamps

■ **종이, 보드 용 웻 오프셋 리소 바니쉬용 UV 코팅**
(UV wet offset litho varnish for paper/board)

성분	함량(%)
Epoxy acrylate (80% in TPGDA)	65.0
GPTA	21.0
Tertiary amine monoacrylate	8.0
Benzophenone	5.0
Benzyl dimethyl ketal	1.0
합계	**100**

물리적 성질

점도	90–110 Poise at 20℃
경화속도	80 m/min with 2MPHG lamps

■ 종이, 보드 그라비어 바니쉬용 UV 코팅
(UV curable gravure varnish for paper / board)

성분	함량(%)
Epoxy Acrylate (80% in TPGDA)	12.5
TPGDA	62.0
TMPEOTA	8.0
Tertiary amine monoacrylate	6.0
Benzophenone	5.0
Benzyl dimethyl ketal	1.0
Ethyl acetate	5.0
Flow additive	0.5
합계	**100**

물리적 성질	
점도	16–20 secs B4 cup at 20℃
경화속도	50 m/min with 2 MPHG lamps
광택	80±2% ASTM 60°

■ 종이, 보드 워터 베이스 무광 스크린 바니쉬용 UV 코팅
(UV curable water-based matt screen varnish for paper / board

성분	함량(%)
Water Thinnable Oligomer	32.0
Water	62.0
Benzyl dimethyl ketal	0.6
Benzophenone	1.5
Tertiary amine monoacrylate	2.0
Matting agent	1.7
Flow additive	0.2
합계	**100**

물리적 성질

점도	25–30 Poise at 20℃
경화속도	30 m/min with 1 MPHG lamps
광택	18±2% ASTM 60°

■ 종이, 보드 오버프린트 바니쉬용 UV 코팅
(Overprint varnish for paper and board)

성분	함량(%)
Epoxy acrylate	54.0
TPGDA	34.0
Benzophenone	5.0
Amine synergist	5.0
Silicone	2.0
합계	**100**

■ 종이 바니쉬용 UV 코팅
(UV coating Varnish For Paper)

성분	함량(%)
Epoxy acrylate	40.5
Unsaturated polyester	10.0
TPGDA	40.0
Triethanolamine	3.0
Benzophenone	6.0
Silicone slip and levelling addtive	0.5
합계	**100**

■ 종이, 보드 오버프린트 바니쉬용 UV 코팅
(Overprint Varnish for Paper and Board)

성분	함량(%)
Epoxy Acrylate	44.5
Acrylated epoxidised linseed oil	8.0
TPGDA	35.0
Benzophenone	5.0
1-Hydroxycyclohexyl acetophenone	1.0
Amine synergist	5.0
Silicone	1.5
합계	**100.0**

■ 종이 오버프린트 바니쉬용 UV 코팅
(Overprint varnish for paper)

성분	Wt (%)
Epoxy acrylate	62.4
TPGDA	29.4
Oligo (2-Hydroxy-2-Methyl-1-4(1-Methylvinyl) Phenyl Propanone and 2-Hydroxy-2-Methyl-1-Phenyl-1-Propanone (Monomeric)	1.8
BP	2.8
Dibutylamisoethanol	2.7
Silicone wetting agent	0.9
합계	**100**

■ 오버프린트 바니쉬용 UV 코팅 (고점도)
(Overprint varnish (high viscosity))

성분	Wt (%)
LK-1001 (Epoxy diacrylate)	68
TPGDA	20
BP	2
Acrylated amine synergist	10
합계	**100**

■ 오버프린트 바니쉬용 UV 코팅 (저점도)
(Overprint varnish (low viscosity)

성분	Wt (%)
Amine polyester acrylate	94.8
BP	3.3
2-Hydroxy-2-methyl-1-phenyl-1-propanone	1.9
합계	**100**

■ 리소그래피 오버프린트 바니쉬용 UV 코팅
(UV lithographic overprint varnish)

성분	Wt (%)
LK-1001	40
Acrylate epoxy linseed oil	10
BPAEO4DA	20
GPTA	10
NPGODA	5
Benzyl dimethyl ketal	3
Talc	1
Aluminium hydrate	5
ODAB	1
Uvatron C-49	5
합계	**100**

■ 리소그래피 오버프린트 바니쉬용 UV 코팅
(UV coating for lithographic overprint varnish)

성분	Wt (%)
LK-1001	40
Acrylate epoxy linseed oil	10
BPA(EO)4DA	20
Glycerine (PO)3 triacrylate	10
NPG(PO)2DA	5
Benzyl dimethyl ketal	3
Talc	1
Aluminium hydrate	5
ODAB	1
Uvatron C-49	5
합계	**100**

■ 프렉소그래피 바니쉬용 UV 코팅
(flexographic varnish))

성분	Wt (%)
Epoxy diacrylate	20
TPGDA	19.5
GPTA	42
Acrylated amine synergist	11
MDEA	2
BP	3
2-Hydroxy-2-methyl-1-phenyl-1-propanone	2
Byk-051	0.1
Byk-300	0.4
합계	**100**

■ 실크 스크린 바니쉬용 UV 코팅
(UV coating for silk screen varnishi)

성분	Wt (%)
LP-1130	46
TRPGDA	16.5
TMP(EO)3TA	10
Amine acrylate	21
BP	5
2-Hydroxy-2-methyl-1-phenyl-1-propanone	1
Flow additive	0.5
합계	**100**

■ 연질/내화학성용 UV 코팅
(flexible/chemical resistance)

성분	Wt (%)
LK-1001 (Epoxy diacrylate)	32
Modified BPAEA	32
TPEOTA	30
Acrylated amine synergist	3
BP	3
합계	**100**

■ 종이용 고광택, 글루어블, 롤러 코트 바니쉬용 UV 코팅
(UV high gloss, glueable, and Roller coat Varnish for paper)

성분	함량(%)
Epoxy Acrylate (80% in TPGDA)	18.4
TPGDA	55.4
TMPEOTA	10
Benzophenone	5
Tertiary amine monoacrylate	10
Benzyl dimethyl ketal	1
Flow additive	0.2
합계	**100.00**

■ 보드 롤 코트 광택 마감용 UV 코팅
(Roll coat satin finish coating for board)

성분	함량(%)
TPGDA	25
NPGPO2DA	44
TMPEO3TA	15
Benzyl dimethyl ketal	1
BP	6
Methyl diethanol amine	4
OK-412	5
합계	**100.00**

■ 종이 용 유색 UV 코팅
(UV curable low color coating for paper)

성분	함량(%)
Aromatic polyether based urethane triacrylate	57.5
TMPEO3TA	3.5
NPGPO2DA	20
DPPA	10
Oligo (2-Hydroxy-2-Methyl-1-4(1-Methylvinyl) Phenyl Propanone and 2-Hydroxy-2-Methyl-1-Phenyl-1-Propanone (Monomeric)	3
Blend of Trimethylbenzophenone and Methylbenzophenone	3
Dibuthylaminoethanol	3
합계	**100.00**

■ 종이 용 UV 코팅
(UV curable clear coating for paper)

성분	함량(%)
Epoxy diacrylate	14
Aromatic urethane diacrylate	14
TMPTA	49.5
TRPHFS	10
BP	7
Methyldiethanolamine	4
Silicone wetting agent	0.5
Camauba wax	1
합계	**100.00**

■ 오버프린트 바니쉬용 UV 롤러 코팅-1
(UV clear roller coat overprint varnish)

성분	함량(%)
LK-1001	25
TPGDA	42
TMPPOTA	24
Eutectic blend, BP liquid	4
Amine acrylate-TPGDA	4
Benzyl dimethyl ketal	1
합계	**100.00**

■ 오버프린트 바니쉬용 UV 롤러 코팅-2
(UV clear roller coat overprint varnish)

성분	함량(%)
LK-1001	30
BPAEO4DA	6
Phenoxy acrylate	14
TMPPOTA	10
NPGPODA	30
Eutectic blend, BP liquid	5
Amine acrylate-TPGDA	4
Benzyl dimethyl ketal	1
합계	**100.00**

■ 오버프린트 바니쉬용 UV 롤러 코팅-3
(UV clear roller coat overprint varnish)

성분	함량(%)
BPAEO4DA	51
TMPPOTA	10
NPGPODA	29
Eutectic blend, BP liquid	5
Amine acrylate-TPGDA	4
Benzyl dimethyl ketal	1
합계	**100.00**

■ 오버프린트 바니쉬용 UV 롤러 코팅-4
(UV clear roller coat overprint varnish)

성분	함량(%)
LK-1001	20
BPAEO4DA	5
Phenoxy acrylate	15
TPGDA	15
TMPPOTA	10
NPGPODA	20
Eutectic blend, BP liquid	8
Amine acrylate-TPGDA	6
Benzyl dimethyl ketal	1
합계	**100.00**
광택	85
연필경도	3H
접착력	100

■ 종이, 보드 드라이 리소 바니쉬용 UV 코팅
(UV Dry litho varnish for paper and board)

성분	함량(%)
Epoxy acrylate(80% in TPGDA)	44.5
TPGDA	18.0
TMPEOTA	10.0
Benzophenone	5.0
Benzyl dimethyl ketal	1.0
Amine diacrylate	20.0
Talc	1.0
Flow additive	0.5
합계	**100.00**

■ 종이, 보드 웻 리소 바니쉬용 UV 코팅
(UV Wet offset litho varnish for paper and board)

성분	함량(%)
Epoxy acrylate(80% in TPGDA)	65.0
GPTA	21.0
Tertiary amine monoacrylate	8.0
Benzophenone	5.0
Benzyl dimethyl ketal	1.0
합계	**100.00**

■ 종이 용 플렉소-로토 그라비어 UV 코팅
(UV curable Flexo-Roto gravure coating for paper)

성분	함량(%)
Epoxy acrylate–TPGDA	25.64
TPGDA	17.63
GPTA	43.27
DPPA	1.92
Benzyl dimethyl ketal	3.85
Dibutylaminoethanol	3.85
DC–57	0.96
silicone additive	0.96
합계	**100.00**

금속용 코팅
(Coatings for metal)

제4장

■ 금속 용 UV 코팅
(UV coating for metal)

성분	함량(%)
TMPTA	51.49
NPGDA	41.19
2-Methyl-2-Hydroxpropiophenone	7.22
합계	**100**

■ 메탈릭 실버 베이스용 UV 코팅
(UV coating for metallic silver base)

성분	함량(%)
Aluminium power	45
Polyester resin	10
Tridecanol	45
합계	**100**

■ 금속 용 유색 UV 코팅
(UV pigmented coating for steel)

성분	함량(%)
Aromatic UDA	20
TPGDA	10
Aliphatic UDA	42.8
Phenoxy acrylate	10
TMPPOTA	10
Benzyl dimethyl ketal	5
Fluorad FC-171	0.2
Titanium dioxide	2
합계	**100**

■ 알루미늄 용 UV 코팅-1
(UV clear coatings for aluminum)

성분	함량(%)
Epoxy diacrylate	35
TMPTA	32.5
TRPGDA	17.3
β-carboxyethyl acrylate	10
1-Hydroxy-cyclohexyl-phenyl-ketone + Benzophenone	5
Fluorad FC-171	0.2
합계	**100**

■ 알루미늄 용 UV 코팅-2
(UV clear coaing for aluminium)

성분	함량(%)
Polyester acrylate	29
BPA(EO)4DA	10
Phenoxy(EO)4acrylate	20
TMP(PO)3TA	33
Eutectic blend, BP liquid	3
2-Hydroxy-2-methyl-1-phenyl-1-propanone	3
Triehanolamine	2
합계	**100**

■ 알루미늄 컴팩트 디스크 UV 래커
(Aluminium of compact disc UV lacquer)

성분	함량(%)
3-functional novolac EA	58.6
2-HEMA	39.1
Efka 31	0.3
2-Hydroxy-2-methyl-1-phenyl-1-propanone	2
합계	**100**

■ 알루미늄 포일용 UV 코팅
(UV coating for aluminium foil)

성분	함량(%)
LK-2004 (Urethane diacrylate)	40.3
Modified BPAEA	17.3
2-HEMA	39.1
Efka 31	0.3
2-Hydroxy-2-methyl-1-phenyl-1-propanone	3
합계	**100**

■ 캔 코팅용 UV 바니쉬
(varnish for can coating)

성분	함량(%)
Modified BPAEA	28.4
TPGDA	39.4
TMPEOTA	23
Acrylated amine synergist	3
BP	3
2-Hydroxy-2-methyl-1-phenyl-1-propanone	3
Byk 341	0.2
합계	**100**

■ 틴-플레이트 용 UV 코팅
(UV clear coating for Tin-plate)

성분	함량(%)
BPAEODA	5
Phenoxy acrylate	15
TMPPOTA	20
BPAEA	54
Benzyl dimethyl ketal	3
Triethanolamine	3
합계	**100**

■ 구리용 UV 코팅
(UV coating for copper coating)

성분	함량(%)
LK-2004 (Urethane diacrylate)	29.3
Modified BPAEA	28.3
2-HEMA	39.1
Efka 31	0.3
2-Hydroxy-2-methyl-1-phenyl-1-propanone	3.0
합계	**100**

■ 캔 백색 베이스용 UV 코팅
(UV curable white base coat for cans)

성분	함량(%)
Cyclealiphatic Epoxide Resin	57.00
Titanium Dioxide	40.00
Triarysulphonim salt	2.25
Sensitizer	0.75
합계	**100.00**

■ 3피스 캔용 백색 베이스 코트 UV 코팅
(UV curable white base coat for 3piece can)

성분	함량(%)
Titanium dioxide	55.4
Oligomer	25.5
Monomer	17.0
Photoinitiator and sensitizer	2.1
합계	**100**

■ 고형분 100% UV 코팅
(100% solid UV curable coating(basecoat for metal containers))

성분	함량(%)
Aliphatic urethane diacrylate	20
Monofuctional urethane acrylate	38.5
2,4,6- trimethylbenzoyl diphenylphosphinoxide	2
Benzyl dimethyl ketal	6
Titanium dioxide	8.5
Metallic monomer	5
합계	**80**

■ 아연 도금용 UV 코팅
(UV clear coatings for galvanized steel)

성분	함량(%)
Aliphatic UDA	15
Phenoxy acrylate	20
TPGDA	10
TMPPOTA	16
GPTA	5
NPGPODA	5
MethoxyTPG-ma	25
Carboxyl func aromatic	4
합계	**100**

■ 황동 플레이트용 UV 코팅-1
(UV clear coatings for brass plate)

성분	함량(%)
Aliphatic UDA	10
Phenoxy acrylate	23
TPGDA	10
TMPPOTA	10
GPTA	20
Low viscosity acid func monoacrylate	20
2-Hydroxy-2-methyl-1-phenyl-1-propanone	4
Capcure 3800	3
합계	**100**

■ 황동 플레이트용 UV 코팅-2
(UV clear coatings for brass plate)

성분	함량(%)
Aliphatic UDA	10
Phenoxy acrylate	19
TPGDA	10
TMPPOTA	10
GPTA	21
NPGPODA	5
Low viscosity acid func monoacrylate	20
Benzyl dimethyl ketal	5
합계	**100**

■ 황동 플레이트 용 UV 코팅-3
(UV clear coatings for brass plate)

성분	함량(%)
Aliphatic UDA	10
Phenoxy acrylate	20
TPGDA	10
TMPPOTA	10
GPTA	20
NPGPODA	5
Low viscosity acid func monoacrylate	20
Benzyl dimethyl ketal	5
합계	**100**

기타 코팅
(Coatings for various substrate)

제5장

■ **가죽용 스프레이 UV 코팅**
(Sprayable coating for leather)

성분	함량(%)
Urethane acrylate	31.1
NVP or MMA	31.1
EHA	31.1
TMPTA	4.7
DEAP	2.0
합계	**100**

■ 가죽용 그라비어 UV 코팅
(UV curable rotogravure coating for leather)

성분	함량(%)
Difunctional urethane acrylate (70% in NVP)	39.70
Tetrafunctional polyester acrylate	31.76
NVP	7.94
IBOA	7.94
Dioctylphthalate	8.66
Benzophenone	2.00
1-Hydroxy-cyclohexyl-phenyl-ketone	2.00
합계	**100**

■ 플렉소/그라비어 용 UV 바니쉬
(UV varnish for flexo or gravure application)

성분	함량(%)
Epoxy acrylate	10
TMPTA	10
TPGDA	19.5
GPTA	42
Amine acrylate	11
Triethanolamine	2
Benzophenone	3
Dimethyl hydroxyacetophenone	2
Defoamer	0.1
Silicone slip additive	0.4
합계	**100**

■ 롤러 코팅 UV 바니쉬(1 poise)
(Roller coat UV varnish (1 Poise))

성분	함량(%)
Epoxy acrylate	22
GPTA	34.3
TPGDA	25
Amine acrylate	10
Benzophenone	8
Silicone slip additive	0.5
Silicone type flow out additive	0.2
합계	**100**

■ 프레스 코터용 UV 바니쉬
(Press coater application UV varnish)

성분	함량(%)
Polyester acrylate	10
GPTA	46
Amine acrylate	18
Benzophenone	7
Silicone slip additive	0.3
TPGDA	18.7
합계	**100**

■ 중점도 바니쉬용 UV 코팅(10～40 poise)
(Intermediate viscosity(10～40 poise) varnish)

성분	함량(%)
DDA	9.9
TPGDA	55.0
Epoxy acrylate	5.0
Monofunctional acrylate flexibiliser	6.0
Amine acrylate	15.0
Benzophenone	6.0
Diethoxy acetophenoe	2.0
Silicone surfactant	1.0
Optical brightener	0.1
합계	**100**

■ 웻 온 웻 UV 바니쉬
(UV wet on wet varnish)

성분	함량(%)
Epoxy acrylate	30
Cholorinated polyester acrylate	19
GPTA	30
C12 ～ 14 aliphatic alcohol	5
Benzophenone	3
α,α-dimethoxyl-α-hydroxy acetophenone	2
Amine acrylate	10
Silicone oil surfactant	0.5
Hydroxyl silane surfactant	0.5
합계	**100**

■ 리소그래피 프린팅 UV 바니쉬
(UV lithographic printing varnish)

성분	함량(%)
Epoxy acrylate	50
DDA	20
China clay	11
TPGDA	5
2-Hydroxy-2-phenyl-propan-1-one	2
Benzophenone	5
Aromatic amine synergist	2
Polyethylene wax	3
Talc	1
Bentonite	1
합계	**100**

■ 고광택 오버프린트 UV 바니쉬
(UV curable high gloss overprint varnishes)

성분	함량(%)
Epoxy diacrylate	20
TRPGDA	35
GPTA	40
2-Hydroxy-2-methyl-1-phenyl-1-propanone	5
합계	**100**

■ 코르크 타일 실러용 UV 코팅 (롤러코팅)
(Cork tiles with aliphatic UA –sealer(roller coat))

성분	함량(%)
LP-3430 (Urethane triacrylate)	65
HDDA	3
NVP	17
EHA/ODA	10
BZO	4
2-Hydroxy-2-methyl-1-phenyl-1-propanone	1
합계	**100**

■ 코르크 타일 상도 UV 코팅 (커튼코팅)-1
(Cork tiles with aliphatic UA –top1(curtain coater))

성분	함량(%)
LP-3430 (Urethane triacrylate)	55
HDDA	23
NVP	17
BZO	3
2-Hydroxy-2-methyl-1-phenyl-1-propanone	1
Syloid 166	10
PA11	1
합계	**110**

■ 코르크 타일 상도 UV 코팅 (커튼코팅)-2
(Cork tiles with aliphatic UA –top2(curtain coater))

성분	함량(%)
LK-2004 (Urethane diacrylate)	51
HDDA	3
NVP	26
EHA/ODA	20
BZO	4
2-Hydroxy-2-methyl-1-phenyl-1-propanone	1
Syloid 166	6
합계	**111**

■ 방직물 라미네이트 용 UV 코팅
(UV curable coating for vinyl-fabric laminate)

성분	함량(%)
LK-2003 (Urethane diacrylate) + TPGDA	44
TRPGDA	36
N-VP	10
EOEOEA	10
Fluorocarbon	0.5
1-Hydroxy-cyclohexyl-phenyl-ketone	3
Tinuvin 292	1
Irganox 1035	0.3
합계	**104.8**

■ 유리용 코팅, 라미네이팅용 UV 코팅-1
(UV curable coating and laminating for glass)

성분	함량(%)
LK-2003 (Urethane diacrylate)	50
IBOA	40
β-CEA	10
IDA	2
1-Hydroxy-cyclohexyl-phenyl-ketone	4
Tinuvin 292	1
Irganox 1035	0.3
합계	**107.3**

■ 유리용 코팅, 라미네이팅용 UV 코팅-2
(UV curable coating and laminating for glass)

성분	함량(%)
LK-2003 (Urethane diacrylate)	55
IBOA	17.5
β-CEA	10
IDA	17.5
1-Hydroxy-cyclohexyl-phenyl-ketone	4
Tinuvin 292	1
Irganox 1035	0.3
합계	**105.3**

■ 목재용 고광택 PVC 라미네이션용 UV 코팅-1
(Wood lamination – 1. PVC (high gloss))

성분	함량(%)
LP–3430 (Urethane triacrylate)	35
HDDA	45
BP	4
Benzyl dimethyl ketal	1
UVP–115	6~10
Baysilon OL	1
합계	**94**

■ 목재용 무광 PVC 라미네이션용 UV 코팅-2
(Wood lamination – 1. PVC (matt finish))

성분	함량(%)
LP–3430 (Urethane triacrylate)	35
HDDA	45
BP	5~7
2–Hydroxy–2–methyl–1–phenyl–1–propanone	2
Lancowax PP1362D	2~5
Syloid 166	5~10
Baysilon OL	1
합계	**100**

■ 목재용 연질 PVC 라미네이션용 UV 코팅-3
(Wood lamination – 2. Flexible PVC)

성분	함량(%)
Urethane acrylate	77
NVP	19
IBA	19
TPGDA	13
Amine synergist	7
BP	6
Silicone acrylate	2.6
합계	**100**

■ 내마모성 UV 코팅
(Abrasion resistant UV coatings)

성분	함량(%)
tris(2–hydroxyethyl)isocyanurate	27
PEEO4TTA	9
TMPPO6TA	27
NPGPO2DA	27
Benzyl dimethyl ketal	5
BP	5
합계	**100**

■ 방습용 UV 코팅
(Anti-fogging coating starting formulation)

성분	함량(%)
Aliphatic polyester UDA	10
PEG400DA	40
PHE-1	5
TPGDA	34
EOEOEA	5
EBD	2
PI	3
BP	1
합계	**100**

접착제
(Adhesives)

제6장

■ 라미네이팅용 UV 접착제-1
(Laminating adhesives)

성분	함량(%)
Aaromatic monoacrylate	95.7
EOEOEA	4.3
Phosphine oxide, phenyl bis(2,4,6-trimethyl benzoyl)	1
합계	**100**

■ 라미네이팅용 UV 접착제-2
(Laminating adhesives)

성분	함량(%)
Low viscosity aromatic acrylate	46.5
EOEOEA	3.9
Aliphatic polyester UDA	25
Epoxy novolac acrylate, TMPTA	11.6
Polybutadiene dimethacrylate	10
Irganox 1076	3
Phosphine oxide, phenyl bis(2,4,6-trimethyl benzoyl)	1
합계	**100**

■ 라미네이팅용 UV 접착제-3
(Laminating adhesive formulation)

성분	함량(%)
Aromatic monoacrylate	91
EOEOEA	6
Adhesion promoters	2.5
Benzyl dimethyl ketal	0.5
합계	**100**

■ 고 유리전이온도 UV 접착제 – 미드택(a)
(High Tg UV adhesive - med tack (a))

성분	함량(%)
EOEOEA	320
NPEO4A	231.2
Norsolene S-115	160
MEHQ	0.8
Irganox 1010	8
2-Hydroxy-2-methyl-1-phenyl-1-propanone	80
합계	**800**

■ 고 유리전이온도 UV 접착제 – 로우택(b)
(High Tg UV adhesive - low tack (b))

성분	함량(%)
EOEOEA	400
NPEO4A	231.2
Norsolene S-115	80
MEHQ	0.8
Irganox 1010	8
2-Hydroxy-2-methyl-1-phenyl-1-propanone	80
합계	**800**

■ 고 유리전이온도 UV 접착제 – 하이택(c)
(High Tg UV adhesive - high tack (c))

성분	함량(%)
EOEOEA	160
NPEO4A	231.2
Norsolene S–115	320
MEHQ	0.8
Irganox 1010	8
2–Hydroxy–2–methyl–1–phenyl–1–propanone	80
합계	**800**

■ 워터 베이스 UV 접착제
(Water-based UV adhesive)

성분	함량(%)
NPEO4A	55
Arizona chemicals 6085	56
TMPEO3TA	5
Oligo (2–Hydroxy–2–Methyl–1–4(1–Methylvinyl) Phenyl Propanone and 2–Hydroxy–2–Methyl–1–Phenyl–1–ropanone (Monomeric)	8
Water	10
합계	**134**

■ UV/EB 접착제용 접착 증진제
(Adhesion promoters for UV/EB curable adhesive)

성분	함량(%)
Acrylic oligomer	302
C-9 hydrocarbon tackifier S-135	605
EOEOEA	397
NPEO4A	435
MEHQ	0.75
Irganox 1076	1.89
Phosphine oxide	35
합계	**1776.64**

■ 폴리카보네이트용 UV 접착제
(UV CURABLE ADHESIVE FOR POLYCARBONATE PARTS)

성분	함량(%)
Acrylate acid ester rubber	19.0
HDDA	68.8
EOEOEA	10.0
Camphorquinone	0.2
2-(N-á-dimethylamino)ethyl methacrylate	2.0
합계	**100**

■ 폴리프로필렌 필름용 UV 접착제
(Formulating for polypropylene film adhesion)

성분	함량(%)
Elastic urethane acrylate	48
PHE-1	25
Low viscosity aliphatic diacrylate	20
Thioxantone	2
Ethylene dibromide	2
Oligo (2-Hydroxy-2-Methyl-1-4(1-Methylvinyl) Phenyl Propanone and 2-Hydroxy-2-Methyl-1-Phenyl-1-Propanone (Monomeric)	3
합계	**100**

잉크
(Ink)

제7장

■ 밀링 베이스 UV 잉크
(UV ink milling base)

성분	함량(%)
Pigment	35
Acrylate resin	45
Monomer and a trace of stabiliser	20
합계	**100**

■ 가공 베이스 UV 잉크
(Final UV ink prepared from bases)

성분	함량(%)
Preground base	51.5
Additional resin	24.5
Photoinitiators & synergists	6
Waxes	3
Monomer	15
합계	**100**

■ 스팟 칼라 용 청색 UV 잉크
(UV curable blue ink for spot color)

성분	함량(%)
Epoxy acrylate	30.0
polyester acrylate	18.0
DDA	10.0
Benzophenone	5.0
2-chlorothioxanthone	3.0
Butoxyethyldiakylaminobenzoate	5.0
Phthalocyanine blue pigment	22.0
Carbon black pigment	5.0
Wax	1.9
Stabiliser	0.1
합계	**100**

■ 스팟 칼라 용 적색 UV 잉크
(UV curable red ink for spot color)

성분	함량(%)
Epoxy acrylate	43.0
TMPEOTA	20.0
Benzophenone	4.0
Benzildimethyl ketal	3.0
2-chlorothioxanthone	3.0
Lithol rubine pigment	15.0
Phthalocyanine blue pigment	2.0
Wax	3.0
Synergist	7.0
합계	**100**

■ 블렌딩 스켐 – 청색 UV 잉크 [A]
(BLENDING SCHEME – BLUE INK – [A])

성분	함량(%)
Epoxy acrylate	50
Monomers	17
Initiator package	8
Amine synergist	4
Phthalocyanine Blue PBl 1	21
합계	**100**

■ 블렌딩 스켐 – 청색 UV 잉크 [B]
(Blending scheme – blue ink –[B]

성분	함량(%)
Epoxy acrylate	60
Monomers	12
Initiator package	6
Amine synergist	4
Green shade yellow PY 13	18
합계	**100**

■ [A], [B] 블렌드 녹색잉크
(Green from blended inks [A] & [B])

성분	함량(%)
Ink [A]	6
Ink [B]	90
Additional monomer	3
Wax	1
합계	**100**

■ 프로세스 UV 잉크
(UV curable process ink)

성분	함량(%)
Epoxy acrylate	5
Polyester acrylate	25
GPTA	5
Polyester acrylate	25
DDA	10
Litho rubine pigment	18
Talc	2
Wax	1
Benzophenone	6
Amine synergist	3
합계	**100**

■ 웹 오프셋 용 UV 잉크
(Typical UV ink for web offset)

성분	함량(%)
Epoxy acrylate (fatty acid modified)	25
Polyester acrylate	15
Low viscosity polyester acrylate	24
Alkoxylated tetraacrylate	6
Photoinitiator package	6
Amine synergist	4
Wax	1
Pigment	18
Talc	1
합계	**100**

■ 웹 패키징 EB 잉크
(EB curable web packging ink)

성분	함량(%)
High purity epoxy acrylate	45
High purity urethane acrylate	25
High purity GPTA	10
Pigment	18
Wax	2
합계	**100**

■ 실크 스크린 프린팅 용 UV 잉크
(UV ink for screen process printing)

성분	함량(%)
Pigment	10～30
Acrylate prepolymer	35～60
Diluenet	15～50
Benzyl dimethyl ketal	3～7
Additives	1～5
합계	**100**

■ 스크린 프린팅 플라스틱 용기 용 UV 잉크
(UV ink for screen printing plastic bottles)

성분	함량(%)
Lithol rubine pigment	10
Calcium carbonate extender	15
Epoxy acrylate	25
Polyester acrylate	5
HDDA	25
TMPEOTA	5
2–chlorothioxanthone	4
Benzildimethyl ketal	4
Amine synergist	3
Polyethylene wax	3
Surfactant	1
합계	**100**

■ 솔더 레지스트 스크린 프린팅 용 UV 잉크
(UV ink for solder resist screen printing)

성분	함량(%)
Phthalocyanine green	1
Barium sulphate extender	25
Epoxy acrylate	40
TMPTA	18
Benzophenone	6
Benzil diketal	2
2-dethylaminoethyl benzoate	5
Surfactants/additives	3
합계	**100**

■ 플렉소 UV 잉크
(UV curable flexo ink)

성분	함량(%)
HDDA or TMPTA	60
Epoxy acrylate	10
Urethane acrylate	7
Liquid photoinitiator	4
Liquid amine synergist	3
Pigment	16
합계	**100**

■ 워터본 플렉소 UV 잉크
(Water-borne UV curable flexo ink)

성분	함량(%)
Acrylated polyester emulsion	73
TMPEOTA	10
Benzyl dimethyl ketal	3
Amine synergist	2
Pigment	12
합계	**100**

■ 흑색 레터프레스 UV 잉크
(UV black letterpress ink)

성분	함량(%)
Epoxy acrylate	58
Monomer	10
Benzophenone	4
Isopropylthioxanone	2
1, Hydroxycyclohexylacetophenone	1
Triethanolamine	4
Wax	3
Carbon black pigment	3
Phthalocyanine blue pigment	6
Lithol rubine red pigment	5
Diarylide yellow pigment	4
합계	**100**

■ 백색 레터프레스 UV 잉크
(White UV curable letterpress ink)

성분	함량(%)
Epoxy acrylate	25
Diluent	10
Titanium dioxide	54
Benzophenone	6
Benzil dimethylketal	2
Triethanolamine	3
합계	**100**

■ 백색 코팅 UV 래커
(UV curable white coating lacquer)

성분	함량(%)
Polyester acrylate	22
Urethane acrylate	15
Titanium dioxide	12
Matting agent	3
2,4,6 Trimethylbenzoylphosphine oxide	1
Benzil dimethyl ketone	2
Methyldiethanol amine	3
HDDA	25
Iso-butyl acrylate	15
Xylene	3
합계	**100**

■ 레터프레스용 실버 UV 잉크
(UV silver metallic ink for letterpress application)

성분	함량(%)
Aluminium base	35
Epoxy acrylate	28
Polyester acrylate	20
Benzophenone	2
Benzil dimethyl ketal	8
TMPTA	6
합계	**100**

■ 프린팅 종이 라벨 용 미니웹 레터프레스 UV 잉크
(UV miniweb letterpress ink for printing paper labels)

성분	함량(%)
Monomers	18
Prepolymers	46
Initiator package	8
Methyldiethanolamine	3
Waxes	3
Pigments	20
Talc	2
합계	**100**

■ PVC 라벨 프린팅 용 레터프레스 UV 잉크
(UV letterpress ink for printing on PVC labels)

성분	함량(%)
Polyester acrylate	54
DDA	10
TMPTPA	8
Amine synergist	5
Isopropyl thioxanone	3
Benzophenone	6
Wax	1
Lithol rubine pigment	16
합계	**100**

■ 플라스틱 라벨 UV 잉크
(UV curable plastic label ink)

성분	함량(%)
Chlorinated polyester acrylate	30
Urethane acrylate	24
Polyester prepolymer	9
TMPTA	4
Isopropyl thioxanone	4
Dimethylhydroxylacetophone	3
Amine synergist	3
Rodamine red pigment	16
Wax	2
Talc	3
합계	**100**

■ 플렉소그래피 라벨 프린팅 UV 잉크
(UV flexographic label printing ink)

성분	함량(%)
Epoxy acrylate	25
GPTA or TMPEOTA	29
HDDA or TMPTPA	20
Benzophenone	4
Liquid coinitiotor	3
Triethanolamine	3
Pigment	15
Surfactant	1
합계	**100**

■ 양이온 플렉소 라벨 프린팅용 UV 잉크
(UV cationic flexo label printing ink)

성분	함량(%)
Aliphatic cycloepoxy resin	55
Polycarprolactone Triol	11
Triethylene glycol	12
Pigment	15
Aryl sulphonium salt initiator	4
Wax	2
Surface wetting agaent	1
합계	**100**

■ 플라스틱 프린팅 UV 잉크
(UV plastic printing ink)

성분	함량(%)
Urethane acrylate	52
Adhesion promoter	5
Monomers	10
Polyurethane micronised wax	2
Silicone surfactant	1
Pigment	18
Talc	2
N-methyl diethanol amine	4
Isopropylthioxanthone	2
Benzophenone	3
합계	**100**

■ 백색 금속 UV 잉크
(UV curable ink white metal coating)

성분	함량(%)
Epoxy acrylate	10.0
Polyester acrylate	15.0
TMPTA	8.0
Benzophenone	3.0
Benzyl dimethyl ketal	4.0
Amine synergist	2.5
Talc	2.0
Violet toner medium	1.0
Wax	1.0
Titanium dioxide pigment	53.5
합계	**100**

■ 녹색 금속 데코레이팅 UV 잉크 (UV green metal decorating ink)

성분	함량(%)
Epoxy acrylate	40
Urethane acrylate	10
DDA	8
Phthalocyanine green	18
Diarylide yellow	2
Polyethylene wax	6
PTFE wax	1
Benzophenone	6
Isopropylthioxanthone	4
Amine synergist	5
합계	**100**

■ 오프셋 리소그래피 금속 프린팅 용 황색 UV 잉크
(Yellow UV ink for metal printing by offset lithography)

성분	함량(%)
Epoxy acrylate	36
Polyester acrylate	15
DDA	18
Diaylide yellow pigment	20
Talc	2
Isopropylthioxanthone	3
Aromatic amine synergist	4
Wax	2
합계	**100**

■ 종이, 보드 용 UV 잉크
(UV paper and board ink)

성분	함량(%)
Pigment	8.0
Extender	16.0
Urethane acrylate	19.0
Acrylic resin	20.0
Monomer	27.0
Isopropylthioxanthone	1.0
Benzophenone	3.0
Amine synergist	3.0
Waxes, silicones	3.0
합계	**100**

■ PVC스크린용 UV 잉크
(UV curable screen ink for PVC)

성분	함량(%)
Organic pigment	10.0
Extender	16.0
TPGDA	17.5
Aliphatic urethane acrylate	50.0
2-Isopropylthioxanthone	1.0
N,N-Dimethoxy-2-phenylacetophenone	3.0
N,N-Dimethylethnaolamine	1.5
Silicone	1.0
합계	**100**

■ 폴리에틸렌 용기 스크린용 UV 잉크
(UV curable screen ink for PE bottles)

성분	함량(%)
Pigment	7.0
Silica	1.5
Epoxy acrylate	45.0
TPGDA	20.0
TMPEOTA	17.5
Chlorothioxanthone	2.0
2-Methyl-1[(4-methylthio)phenyl]-2-moropholinopropan-1-one	4.0
N,N-Dimethylethanolamine	2.0
Silicone	1.0
합계	**100**

■ 안료, 광 개시제 기반 UV 잉크
(UV ink produced from dry pigment and photoinitiator)

성분	함량(%)
Prepolymers	54.5
Diluent	16.0
Stabiliser	1.0
Benzophenone	3.0
Thioxantone	2.0
Dialkylaminobenzoate	5.0
Wax	1.0
Pigment	17.5
합계	**100**

■ 광 개시제 UV 잉크
(Photoinitiator UV ink)

성분	함량(%)
Acrylate prepolymer	50.0
Benzophenone	15.0
Thioxantone	10.0
Dialkylaminobenzoate	25.0
합계	**100**

■ 안료 베이스 + 광 개시제 용액 UV 잉크
(Ink produced from pigment base + photoinitiator solution)

성분	함량(%)
Pre-dispersed pigment base	50.0
Prepolymer	17.0
Diluent	10.0
Phtoinitiator solution	20.0
Wax dispersion	3.0
합계	**100**

■ 베이스 오프셋 리소그래피 UV 잉크
(Basic Offset Lithographic Ink)

성분	함량(%)
Fatty acid modified polyester acrylate	20.0
Epoxy acrylate	30.0
GPTA	20.0
Benzophenone	3.0
Thioxantone	2.0
Dialkylaminobenzoate	5.0
Stabiliser	1.0
Pigment	19.0
합계	**100**

■ 오프셋 리소그래피 패키징용 UV 잉크
(Offset lithographic ink for packaging)

성분	함량(%)
Fatty acid modified polyester acrylate	20.0
Multi-functional urethane acrylate	20.0
Epoxy acrylate	10.0
GPTA purified grade	22.0
2-Benzyl-2-dimethylamino-1-(4-morpholinophenyl)-butan-1-one	3.0
Thioxantone	2.0
Dialkylaminobenzoate	2.0
Stabiliser	1.0
Polyethylene wax	1.0
Pigment	19.0
합계	**100**

■ 종이 용 레터프레스 UV 잉크
(UV letterpress ink for paper)

성분	함량(%)
Epoxy acrylate	35.0
GPTA	20.0
TPGDA	13.0
Triethanolamine	3.0
Benzophenone	6.0
Polyethylene wax	1.0
Clay filler	5.0
Pigment	17.0
합계	**100**

■ 종이 용 프렉소그래피 UV 잉크
(UV flexographic ink for paper)

성분	함량(%)
Epoxy acrylate	15.0
GPTA	30.0
TPGDA	31.0
Triethanolamine	3.0
Benzophenone	6.0
Polyethylene wax	1.0
Pigment	14.0
합계	**100**

■ 카톤 패키징 용 플렉소 UV 잉크
(UV low odour flexographic ink for carton packaging)

성분	함량(%)
Polyester acrylate	10.0
Epoxy acrylate	5.0
GPTA purified grade	30.0
TPGDA purified grade	31.0
2-Benzyl-2-dimethylamino-1-(4-morpholinophenyl)-butan-1-one	3.0
Thioxantone	2.0
Amine acrylate	3.0
Stabiliser	1.0
Polyethylene wax	1.0
Pigment	14.0
합계	**100**

■ 양이온 플렉소 UV 잉크
(Cationic UV flexo ink)

성분	함량(%)
Cycloaliphatic epoxide	50.0
Polycaprolactone polyol	10.0
Triethylene glycol	5.0
Vinyl ether	15.0
Surfactant	1.0
Aryl sulphonium salt photoinitiator	4.0
Polyethylene wax	1.0
Pigment	14.0
합계	**100**

■ 경질 플라스틱 음식 용기 용 드라이 오프셋 UV 잉크
(UV dry offset ink for rigid plastic food containers)

성분	함량(%)
Polyester acrylate	35.0
Urethane acrylate	15.0
GPTA	11.0
TPGDA	10.0
Amine acrylate	3.0
2-Benzyl-2-dimethylamino-1-(4-morpholinophenyl)-butan-1-one	3.0
Thioxantone	2.0
Polyethylene wax	2.0
Magnesium silicate	2.0
Pigmenet	17.0
합계	**100**

■ 오프셋 리소그래피 금속 데코레이팅 속경화 UV 잉크
(Fast curing UV offset lithographic metal decorating ink)

성분	함량(%)
Epoxy acrylate	30.0
Urethane acrylate	19.0
Polyester acrylate	10.0
DDA	10.0
Dialkylaminobenzoate	5.0
2-Benzyl-2-dimethylamino-1-(4-morpholinophenyl)-butan-1-one	3.0
Thioxantone	3.0
PTFE wax	2.0
Magnesium silicate	1.0
Pigment	17.0
합계	**100**

■ 종이, 카튼 보드 오프셋 리소그래피용 흑색 UV 잉크
(UV black offset lithographic ink for paper or carton board)

성분	함량(%)
Epoxy acrylate	21.0
Multifuntional urethane acrylate	10.0
Multifunctional polyester acrylate	10.0
DPHA	8.0
DDA	15.0
Benzophenone	3.0
Isopropylthioxanthone	3.0
2-Benzyl-2-dimethylamino-1-(4-morpholinophenyl)-butan-1-one	3.0
1-Hydroxy-cyclohexyl-phenyl-ketone	1.0
Dialkylaminobenzoate	6.0
Polyethylene wax	1.0
Pigment violet	1.0
Carbon black	18.0
합계	**100**

■ 리소그래피 오프셋 불투명 백색 UV 잉크
(UV lithographic offset opaque white ink)

성분	함량(%)
Epoxy acrylate	25.0
Multifunctional polyester acrylate	10.0
DDA	10.0
1-Hydroxy-cyclohexyl-phenyl-ketone	4.0
Polyethylene wax	1.0
Titanium dioxide	50.0
합계	**100**

■ PVC 스크린용 UV 잉크
(UV screen ink for PVC)

성분	함량(%)
Pigment	7.0
Extender	10.0
Aliphatic urethane diacylate	50.0
TPGDA	16.5
N-vinyl caprolactam	8.0
2-Isopropylthioxanthone	1.0
N,N-Dimethoxy-2-phenylacetophenone	4.5
N,N-Dimethylethanolamine	1.5
Silicone antifoam	1.5
합계	**100**

■ **폴리스티렌(PS) 스크린용 UV 잉크**
(UV screen ink for PS)

성분	함량(%)
Pigment	7.0
Extender	10.0
Urethane acrylate	20.0
Acrylic resin	16.0
TPGDA	30.0
N-Vinyl Caprolactam	10.0
2-Isopropylthioxanthone	1.0
N,N-Dimethoxy-2-phenylacetophenone	3.0
N,N-Dimethylethanolamine	1.5
Silicone antifoam	1.5
합계	**100**

■ PET용기 스크린용 UV 잉크
(UV screen ink for PET bottles)

성분	함량(%)
Pigment	7.0
Epoxy acrylate	30.0
TPGDA	15.0
Acylic resin	5.0
TMPEOTA	15.0
N-Vinyl Caprolactam	20.0
2-Isopropylthioxanthone	1.0
2,2-dimethyl-2-hydroxy acetophenone	2.5
2,2-dimethoxy-2-phenylacetophenone	2.0
Amine synergist	1.5
Silicone	1.0
합계	**100**

■ 종이, 보드스크린용 수용성 UV 잉크
(Water thinnable UV screen process ink for paper and board)

성분	함량(%)
Phthalocyanine blue	3.0
Silica	2.0
Water soluble modifide urethane acrylate	40.0
TPGDA	5.0
TMPEOTA	8.0
Water	40.0
2,2-dimethyl-2-hydroxy acetophenone	2.0
합계	**100**

■ 종이, 보드 오버프린트용 수용성 무광 UV 바니쉬
(Water thinnable UV matt overprint vanish for paper and board)

성분	함량(%)
Water thinnable epoxy acrylate	70.0
Nuvopol p13000	3.0
Matting silica	7.0
Water	19.5
Wetting aid	0.5
합계	**100**

■ PVC 스크린용 수용성 UV 잉크
(Water thinnable UV screen ink for PVC

성분	함량(%)
Pigment	3.0
Polyester acrylate emulsion	80.0
Matting Silica	3.0
Aqueous thickener	1.0
2,2-Dimethyl 2-hydroxy acetophenone	3.0
Antifoam	1.0
Water	9.0
합계	**100**

■ 네이테이션용 UV 잉크
(UV curing notation inks)

성분	함량(%)
Epoxy acrylate	30.0
TMPTA	30.0
2-HEMA	10.0
Titanium dioxide	10.0
Micro talc	11.0
Fumed silica	3.0
Benzil dimethyl ketal	4.0
Flow agent	2.0
합계	**100**

■ 액상 광학 이미지어블 네이테이션 UV 잉크
(Liquid photo imageable notation ink)

성분	함량(%)
High acid value photo polymer (acrylates)	33.0
TMPTA	5.0
Titanium dioxide	10.0
Micro talc	10.0
Fumed silica	3.0
Benzil dimethyl ketal	7.0
Flow agent	2.0
Glycol ether/ester	30.0
합계	**100**

■ UV 오프셋 잉크
(UV offset ink)

성분	함량(%)
Epoxy acrylate	22.5
Modified polyurethane acrylate	30.5
Liquid photoinitiators blend	5
UV stabilizer	1
Fillers	2
Magenta irgalite	20
Glycerine (PO)3 triacrylate	19
합계	**100**

■ 웹 오프셋 흑색 UV 잉크
(UV web offset black ink)

성분	함량(%)
LK-1001 (Epoxy diacrylate)	34
Acrylate epoxy linseed oil	15
Acrylate resin	10
BPAEO4DA	5
GPTA	5
Black 9B1	25
2-Benzyl-2-(dimethylamino)-1-[4-(4-morpholinyl) phenyl]-1-butanone	3
Thioxantone	1
Talc	2
합계	**100**

■ 종이 스톡 용 스크린 프린팅 UV 잉크
(UV curable screen printing ink for paer stock)

성분	함량(%)
Aromatic urethane diacrylate	46.4
TMPTA	2.7
TRPGDA	13
N-VP	5.1
Pennco 9R52 red pigment paste	25.7
Thioxantone	1.4
BEA	4.7
Fluorocarbon	0.5
Defoamer	0.5
Fumed silica	2
합계	**102**

■ 실크 스크린 프린팅 UV 잉크
(Silk screen printing ink)

성분	함량(%)
Modified BPAEA	42.5
Urethane diacrylate	14.0
TMPEOTA	25.0
Litholrubine	12.4
Benzyl dimethyl ketal	6.0
Byk-300	0.1
합계	**100**

■ 용제함유 플렉소 UV 잉크
(UV curable flexo ink containing solvent)

성분	함량(%)
TPGDA	46
Epoxy acrylate	22
Ethyl acetate	7
Benzophenone	4
Amine synergist	3
Pigment	18
합계	**100**

■ 플렉소 라벨 프린팅 UV 잉크
(UV curable Flexo label printing ink)

성분	함량(%)
Aliphatic cycloepoxy resin	55
Polycarprolactone triol	11
Triethylene glycol	12
Pigment	15
Aryl surlphonium salt initiator	4
Wax	2
Surface wetting agent	1
합계	**100**

■ 플렉소그래피 UV 잉크
(UV curable flexographic ink)

성분	함량(%)
Epoxy diacrylate	10
TPGDA	26
GPTA	31
Thioxantone	4
DMB	4
Pigment paste	25
합계	**100**

■ 종이 플렉소그래피용 흑색 UV 잉크
(UV curable flexographic ink for paper (black))

성분	함량(%)
LK-1003 (Epoxy diacrylate)	20
Acrylate epoxy linseed oil	5
Polyester tetraacrylate	17
BPGPODA	10
TMPEOTA	10
Black 9B1	33
2-Benzyl-2-(dimethylamino)-1-[4-(4-morpholinyl) phenyl]-1-butanone	3
Thioxantone	1
ODAB(octyl-para-(diumethylamino)benzoa	1
합계	**100**

■ 종이 플렉소그래피 백색 UV 잉크
(UV curable flexographic ink for paper (white))

성분	함량(%)
LK-1003 (Epoxy diacrylate)	25
Acrylate epoxy linseed oil	5
BPAEO4DA	15.8
TPGDA	10
BPGPODA	5
TMPEOTA	10
Titanium dioxide R-960	25
2-Hydroxy-2-methyl-1-phenyl-1-propanone	1
Diphenyl(2,4,6-trimethylbenzoyl)-phosphine oxide + 2-Hydroxy-2-methyl-1-phenyl-1-propanone)	2
Pigment wetting agent	1
Defoamer	0.2
합계	**100**

■ 종이 플렉소그래피용 적색 UV 잉크
(UV curable flexographic ink for paper (red)

성분	함량(%)
LK-1001 (Epoxy diacrylate)	30
TPGDA	34
BPGPODA	5
TMPEOTA	16
Irgalite L4BH Red	10
2-Benzyl-2-(dimethylamino)-1-[4-(4-morpholinyl) phenyl]-1-butanone	3
2-Hydroxy-2-methyl-1-phenyl-1-propanone	2
합계	**100**

■ 리소 흑색 UV 잉크
(Black UV curable litho ink)

성분	함량(%)
Epoxy acrylate	35
Polyester acrylate	23
Benzophenone	4
Isopropyl thioxanthone	2
Benzildimethyl ketal	1
α-dimethyl-α, α-hydroxyacetophenone	1
Aromatic amine synergist	5
Carbon black pigment	18
Wax	2
GPTA	9
합계	**100**

■ 바이닐 리소그래피용 UV 잉크
(UV lithographic inks for vinyl)

성분	함량(%)
Aliphatic urethane diacrylate	40
Carboxyl func-aromatic acrylate	20
Acrylated epoxy linseed oil	20
Irgalite ABS yellow	16
2-Methyl-1-[4-(methylthio)phenyl]-2-(4-morpholinyl)-1-propanone	2
2-Benzyl-2-(dimethylamino)-1-[4-(4-morpholinyl) phenyl]-1-butanone	2
합계	**100**

■ 플라스틱 라벨용 UV 잉크
(UV curable Plastic label ink)

성분	함량(%)
Chlorinated polyester acrylate	30
Urethane acrylate	24
Polyester prepolymer	9
TMPTA	4
Isopropyl thioxantone	4
Dimethylhydroxyacetophenone	3
Amine synergist	3
Rodamine red pigment	18
Wax	2
talc	3
합계	**100**

■ **금속성 단량체 사용 백색 UV 잉크**
(UV white ink using metallic monomer)

성분	함량(%)
Aliphatic polyester based UDA / HDDA	20
LA	37
Metallic diacrylate	5
Benzyl dimethyl ketal	6
Diphenyl(2,4,6-trimethylbenzoyl)-phosphine oxide	2
TiO2	30
합계	**100**

■ 백색 UV 코팅
(White UV curable coating lacquer)

성분	함량(%)
Polyester acrylate	22
Urethane acrylate	15
Titanium dioxide	12
Matting agent	3
2,4,6-trimethylbenzoylphosphine Oxide	1
Benzyl dimethyl keton	2
Methyldiethanol amine	3
HDDA	25
Iso-Butyl acrylate	15
Xylene	3
합계	**100**

전자재료
(Electronics)

제8장

■ 네가티브 레지스트용 UV 코팅
(UV cureable negative resist)

성분	함량(%)
Styron GP 683	29.05
NK Ester BPE-500	21.78
Benzil dimethyl ketal	1.82
Blue pigment	0.15
MEK	47.20
합계	**100**

■ 인쇄 회로 기판 레지스트용 UV 코팅
(Resist for PCB)

성분	함량(%)
2-HEA	8.33
Dipentaerythritol hexaacrylate	25.01
Epoxy acrylate	43.74
KBM503 - treated talc (average diameter 1.8-2.0 μm)	20.83
Phthalocyanine green	1.04
Calcium carbonate	1.04
합계	**100**

■ 아크릴레이트 솔더 레지스트용 UV 코팅
(Acrylate solder resist)

성분	함량(%)
Epoxy novolac acrylate	17.11
Acryloylmorpholine	18.18
Kayarad MANDA	14.97
TMPTA	13.90
Cyanine green	1.60
Talc	32.10
Modaflow	1.07
2-Ethylanthraquinone	1.07
합계	**100**

■ 인캡슐레이션용 UV 코팅
(Encapsulation coating)

성분	함량(%)
Acryl-modified polybutadiene	47.62
Phenoxypolyethyleneglycol acrylate	33.33
Dicyclo pentenyl acrylate	14.29
2-Hydroxy-2-methyl-1-phenyl-1-propanone	1.90
A189	2.86
합계	**100**

■ 플레이팅 레지스트용 UV 코팅
(UV curing etch plating resist

성분	함량(%)
High acid value acrylate resin	50.0
Talc	25.0
Fumed silica	2.0
Phthalocyanine blue pigment	0.5
Benzildimethylketal	5.0
TPGDA	11.5
2-HEMA	5.0
PTFE Wax	1.0
합계	**100**

■ 솔더마스크용 UV 코팅
(UV curing soldermask)

성분	함량(%)
Epoxy arylate/methacrylate	19.5
Talc	15.0
Blanc fixe	20.0
2-Ethylanthraquinone	1.0
Phthalo green pigment	0.4
Flow agent	1.5
TMPTA	35.0
2-HEMA	7.1
Adhesion promoter	0.5
합계	**100**

■ 레전드 UV 잉크
(UV curing legend ink)

성분	함량(%)
Epoxy acrylate	29.5
Talc	14.0
Titanium dioxide	7.0
1-Hydroxycyclohexyl acetophenone	5.0
Flow agent	1.5
TMPTA	35.0
2-HEMA	8.0
합계	**100**

■ 식각 레지스트용 UV 코팅
(UV curing etch resists)

성분	함량(%)
High acid value polyester acrylate	50.0
TPGDA	20.0
Micro talc	20.0
Fumed silica	4.0
Phthalo blue pigment	1.0
Benzyl dimethyl ketal	4.0
Flow agent	1.0
합계	**100**

■ 플레이팅 레지스트용 UV 코팅
(UV curing plating resist)

성분	함량(%)
High acid value polyester acrylate	38.5
Epoxy acrylate	10.0
TPGDA	20.0
Micro talc	20.0
Fumed silica	6.0
Phthalo blue pigment	0.5
Bnezyl dimethyl ketal	4.0
Flow agent	1.0
합계	**100**

■ 솔더마스크용 UV 코팅
(UV curing soldermask)

성분	함량(%)
Epoxy acrylate	25.0
TMPTA	30.0
2-HEMA	10.0
Micro talc	30.0
Fumed silica	1.0
2-Ethyl anthraquinone	1.0
Phthalo green pigment	0.5
Adhesion promoter	0.5
Flow agent	2.0
합계	**100**

■ 유합계용 UV 코팅
(UV curing dielectric)

성분	함량(%)
Epoxy acrylate	25.0
TMPTA	35.0
2-HEMA	10.0
Micro talc	25.0
Fumed silica	3.0
2-Ethyl antharaquinone	1.0
Flow agent	2.0
합계	**100**

■ 연질 커버레이용 UV 코팅
(UV curing flexible coverlay)

성분	함량(%)
Epoxy acrylate	40.0
TPGDA	28.0
Micro talc	20.0
Fumed silica	4.5
Phthalo blue pigment	0.5
Benzil dimethyl ketal	5.0
Flow agent	2.0
합계	**100**

■ 액상 광 이미저블 식각 레지스트용 UV 코팅
(Liquid photo imageable etch resist)

성분	함량(%)
High acid value polyester	40.0
TPGDA	28.0
Micro talc	20.0
Fumed Silica	4.5
Phthalo blue pigment	0.5
Benzil dimethyl ketal	5.0
Flow agent	2.0
합계	**100**

■ 액상 이비저블 솔더 마스크용 UV 코팅
(Liquid imageable solder mask)

성분	함량(%)
High acid value photo polymer	35.0
TMPTA	5.0
Phthalo green pigment	1.0
Micro talc	15.0
Fumed silica	5.0
Benzil dimethyl ketal	7.0
Flow agent	2.0
Glycol ether/ester	30.0
합계	**100**

■ 솔더 마스크용 UV 코팅
(UV curing soldermask)

성분	함량(%)
Epxoyacylate/methacrylate	19.5
Talc	15.0
Blanc fixe	20.0
2-ethylanthraquinone	1.0
phthalo green pigment	0.4
Flow agent	1.5
TMPTA	35.0
2-HEMA	7.1
Adhesion promoter	0.5
합계	**100**

■ 솔더 레지스트 용 UV 잉크
(UV inks for solder resists)

성분	함량(%)
GPTA	58.60
TMPTA	6.45
Barytes	25.7
Monastral green GN	1.00
BP	6.25
Trigonal12	2.00
합계	**100**

■ 인쇄 회로 기판보드용 UV 잉크
(Ink for PCB)

성분	함량(%)
LK-1001 (Epoxy diacrylate)	72.4
TMPTA	18.1
Syloid 165	1.4
Benzyl dimethyl ketal	3.6
Morpholine	3.6
Irgalite fast brilliant blue	0.9
합계	**100**

■ UV 경화 솔더 마스크 – 구리 UV 코팅-1
(UV curable solder mask formulation -copper clear coatings

성분	함량(%)
BPAEODA	5.0
Aliphatic urethane	39.8
TPGDA	5.0
Phenoxyethoxylated acrylate	30.0
TMPEOTA	10.0
TMPPOTA	5.0
Fluorad FC171	0.2
Benzyl dimethyl ketal	5.0
합계	**100**

■ UV 경화 솔더 마스크 – 구리 UV 코팅-2

(UV curable solder mask formulation - copper clear coatings

성분	함량(%)
Aliphatic Urethane Diacrylate	28.9
Carboxyl func–aromatic acrylate	10.0
TPGDA	18.0
Penoxyethoxylated Acrylate	20.9
TMPEOTA	10.0
TMPPOTA	7.0
Fluorad FC171	0.2
Benzyl dimethyl ketal	5.0
합계	**100**

■ UV 경화 솔더 마스크 – 구리 UV 코팅-3
(UV curable solder mask formulation - copper clear coatings

성분	함량(%)
Aliphatic urethane diacrylate	49.8
Carboxyl func–aromatic acrylate	10.0
HDDA	15.0
TPGDA	15.0
methoxy TPG–A	5.0
Fluorad FC171	0.2
Benzyl dimethyl ketal	5.0
합계	**100**

■ 알칼리 스트리퍼블 식각 레지스트용 UV 코팅
(UV curable alkali strippable copper ethching resist)

성분	함량(%)
EB3800	42.3
â-CEA	42.3
defoamer	0.03
Fluorocarbon	0.4
Thioxantone	1.3
BEA	4.3
Blue pigment paste	9.4
Fumed silica	2.0
합계	**100**

■ 식각 레지스트용 UV 코팅
(UV curable etch-resist coatings)

성분	함량(%)
Monomer	52.5
Polyester tetraacrylate	16
Penoxyethoxylated acrylate	18
TMPPOTA	5
Benzyl dimethyl ketal	4
Pigment	1
Cab-O-sil M5	3
non-silicone polymeric flow agent	0.5
합계	**100**

임진규

이학박사(화학)
충북대학교 공과대학 공업화학과 교수
KELLON SCIENCE 대표이사

광경화형(UV, EB, LED)
고분자재료의
배합 제조기술

초판인쇄 2019년 5월 31일
초판발행 2019년 5월 31일

지은이 임진규
펴낸이 채종준
펴낸곳 한국학술정보㈜
주소 경기도 파주시 회동길 230(문발동)
전화 031) 908-3181(대표)
팩스 031) 908-3189
홈페이지 http://ebook.kstudy.com
전자우편 출판사업부 publish@kstudy.com
등록 제일산-115호(2000. 6. 19)

ISBN 978-89-268-8824-7 93430